Elham Kariri

Como a impressão 3D influencia as empresas

Elham Kariri

Como a impressão 3D influencia as empresas

ScienciaScripts

Imprint
Any brand names and product names mentioned in this book are subject to trademark, brand or patent protection and are trademarks or registered trademarks of their respective holders. The use of brand names, product names, common names, trade names, product descriptions etc. even without a particular marking in this work is in no way to be construed to mean that such names may be regarded as unrestricted in respect of trademark and brand protection legislation and could thus be used by anyone.

Cover image: www.ingimage.com

This book is a translation from the original published under ISBN 978-3-659-88760-4.

Publisher:
Sciencia Scripts
is a trademark of
Dodo Books Indian Ocean Ltd. and OmniScriptum S.R.L publishing group

120 High Road, East Finchley, London, N2 9ED, United Kingdom
Str. Armeneasca 28/1, office 1, Chisinau MD-2012, Republic of Moldova, Europe
Managing Directors: Ieva Konstantinova, Victoria Ursu
info@omniscriptum.com

Printed at: see last page
ISBN: 978-620-8-55015-8

Índice

Agradecimentos

Em primeiro lugar e acima de tudo, agradeço à minha mãe e ao meu pai, obrigada pelo enorme amor e apoio, ao meu marido pelo seu encorajamento, ajuda, apoio e paciência. Aos meus adoráveis filhos Ahmed e Juman, que me apoiaram e encorajaram, apesar de todo o tempo que levei longe deles. Foi uma viagem longa e difícil para eles.

Gostaria de expressar os meus mais sinceros agradecimentos e apreço aos membros do meu comité pelos seus conselhos e orientação. Gostaria de expressar a minha gratidão às muitas pessoas que me acompanharam ao longo deste livro; a todos aqueles que me deram apoio, conversaram, leram, escreveram, fizeram comentários, me permitiram citar as suas observações e me ajudaram na edição, revisão e conceção. Gostaria de agradecer à LAP LAMBERT Academic Publishing por me ter permitido publicar este livro. Por último, mas não menos importante: Peço perdão a todos aqueles que me acompanharam ao longo dos anos e cujos nomes deixei de mencionar."

Resumo executivo

Este trabalho de investigação explora a utilização da impressora 3D nos Estados Unidos da América. O objetivo da investigação era determinar as vantagens da impressora 3D para as empresas e as estratégias utilizadas para integrar a tecnologia. A investigação examina muitos aspectos da tecnologia, como os métodos de impressão, os factores que afectam a adoção da tecnologia e a revisão da literatura na primeira secção. A segunda secção contém a metodologia da investigação. Foi utilizada uma amostragem intencional para selecionar uma amostra de 11 empresas, das quais 10 aceitaram participar no inquérito. Os dados foram recolhidos através de questionários enviados por correio eletrónico a 10 empresas. Os dados recolhidos foram analisados descritivamente através de percentagens e médias. Os dados analisados foram apresentados sob a forma de tabelas e gráficos. 75% das empresas adoptaram a impressão 3D a partir de 2008. Todas as empresas estavam satisfeitas com a utilização da impressora 3D na atividade comercial. No entanto, o custo foi citado como o principal obstáculo à utilização da impressora 3D pelas empresas. Além disso, a maioria das empresas, 87%, utiliza a tecnologia para a criação de protótipos. Apenas 13% utilizam a impressão 3D para fabrico. As empresas não compreenderam claramente outros benefícios da tecnologia de impressão 3D, como a redução de resíduos. Por conseguinte, as empresas devem ser informadas sobre todos os aspectos da tecnologia de impressão 3D para que possam quantificar os seus benefícios reais. Além disso, o governo deveria reduzir os impostos cobrados sobre as impressoras 3D para as tornar acessíveis e incentivar a sua utilização.

CAPÍTULO 1. INTRODUÇÃO

Antecedentes

A tecnologia de impressão 3D foi introduzida por Chuck Hull, o fundador da 3D Systems, em 1984. Chuck criou uma impressora capaz de criar objectos 3D através da cura e endurecimento de fotopolímero colocado numa cuba utilizando luz ultra-violeta. Mais tarde, na década de 1980, surgiram outras tecnologias, como a modelação por deposição fundida e a sinterização selectiva por laser. Desde a sua invenção, a utilização de impressoras 3D por empresas tem vindo a aumentar devido à redução dos preços das impressoras. Embora a tecnologia seja facilmente acessível atualmente, muitos empresários são cépticos quanto aos seus benefícios. Este documento é uma investigação sobre a forma como a impressão 3D influencia as empresas.

Tecnologia de impressão 3D

A impressão 3D, também conhecida como fabrico aditivo, é uma tecnologia emergente que permite fabricar objectos sólidos tridimensionais de praticamente qualquer forma com base num modelo digital. Este tipo de impressão baseia-se num processo aditivo em que camadas consecutivas de material são dispostas em diferentes formas (Bartolo et. al. 2007; Evans 2012). Isto contrasta com as técnicas de maquinagem tradicionais que utilizam processos subtractivos, como a perfuração ou o corte. A primeira impressora 3D operacional foi desenvolvida em 1984. No entanto, a tecnologia não foi amplamente adoptada pelas empresas até ao século XXI, quando o seu preço baixou substancialmente (Krar & Gill 2003). A tecnologia de impressão 3D pode ser utilizada tanto para o fabrico distribuído como para a criação de protótipos, com aplicações em design industrial, construção, arquitetura, indústrias dentária e médica, militar, engenharia civil, sistemas de informação geográfica, educação, moda e joalharia. Roebuck (2011) especula que a impressão 3D irá muito em breve transformar-se num produto de mercado de massas, uma vez que a tecnologia 3D de fonte aberta tem o potencial de compensar os custos de capital das empresas, permitindo que os consumidores evitem as despesas inerentes à compra de artigos domésticos normais (Lipson & Kurman 2013).

Utilização comercial de impressoras 3D

O conceito de impressão 3D é utilizado há cerca de três décadas. Foi inicialmente utilizado pelos fabricantes de para desenvolver protótipos. As impressoras comerciais eram muito lentas e dispendiosas de adquirir e manter. No entanto, as impressoras comerciais 3D actuais são rápidas. Consequentemente, o tempo necessário para desenvolver protótipos foi significativamente reduzido. Além disso, as impressoras são menos dispendiosas do que eram para as empresas na década de 1980. A Nike é um exemplo de empresa que utiliza a tecnologia de impressão 3D para criar protótipos de sapatos com muitas cores. A empresa costumava incorrer em enormes despesas com o protótipo, que também demorava muito tempo a criar. No entanto, atualmente, a empresa gasta menos neste processo. Além disso, as alterações podem ser feitas instantaneamente no ficheiro e o protótipo pode ser criado no mesmo dia. Enquanto as grandes empresas são capazes de contratar designers 3D, as pequenas empresas têm dificuldade em contratar designers. Consequentemente, evitam a tecnologia porque não conseguem criar modelos 3D. No entanto, os programadores de código aberto estão continuamente a desenvolver programas gratuitos e fáceis de utilizar. Estes incluem o Google SketchUp e o programa Blender. Além disso, as empresas também podem procurar serviços de impressão em várias agências que fornecem serviços de impressão 3D menos dispendiosos.

Métodos de impressão 3D

As impressoras 3D utilizam diferentes tipos de tecnologias para criar objectos. No entanto, todas estas tecnologias criam objectos a três dimensões através da construção de camadas até o objeto estar completo. A impressora acrescenta um terceiro eixo aos objectos de duas dimensões. Estas camadas finas são montadas na secção transversal horizontal do objeto impresso. Antes de qualquer objeto ser impresso numa impressora 3D, é primeiro concebido em programas de aplicação 3D, como o desenho assistido por computador. Isto pode ser feito de raiz ou a partir de um modelo 3D desenvolvido por um scanner 3D. Este é o ficheiro que é enviado para a impressora 3D para impressão. A impressora tem um software que divide o objeto em várias camadas. . Estas camadas são impressas sucessivamente umas em cima das outras para criar uma imagem 3D.

Estereolitografia (SLA)

Esta tecnologia foi utilizada para desenvolver a primeira impressora 3D comercial, na altura não designada por impressora 3D. Foi inventada pelo fundador da 3D Systems, Chuck Hull, em 1984. Uma impressora 3D que utiliza a tecnologia SLA funciona focando um feixe de luz ultravioleta na superfície de uma cuba que contém resina fotocurável. À medida que a luz incide sobre a resina, o feixe de luz UV forma um modelo 3D de camadas finas de cada vez. Estas camadas acumulam-se para formar um objeto 3D. Estas fatias são coladas para dar origem a um modelo 3D de alta resolução que sobressai da cuba. A resina que não é utilizada é usada no processo de impressão 3D seguinte.

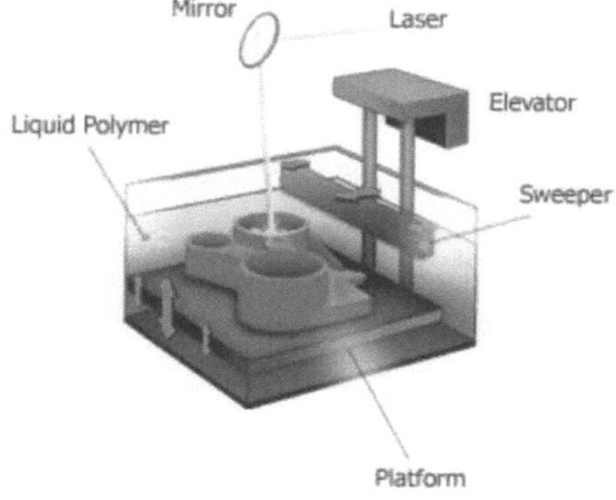

Fonte: http://sd3dprinting.com/ffT-vs-sla-vs-sls/

Modelação por deposição fundida (FDM)

A tecnologia FDM foi inventada por Scott Crump no final da década de 1980. Ele patenteou esta invenção como parte das inovações da empresa de impressão 3D Stratasys. Na FDM, o objeto 3D é criado através da pressão de material termoplástico fundido, que é utilizado para produzir camadas. Cada camada adere à camada anterior à medida que o termoplástico arrefece e endurece. Esta tecnologia é preferida porque é menos dispendiosa. A maioria das impressoras que utilizam FDM utilizam plástico ABS e PLA (ácido poliláctico). O PLA é um polímero sintetizado a partir de material orgânico e é biodegradável.

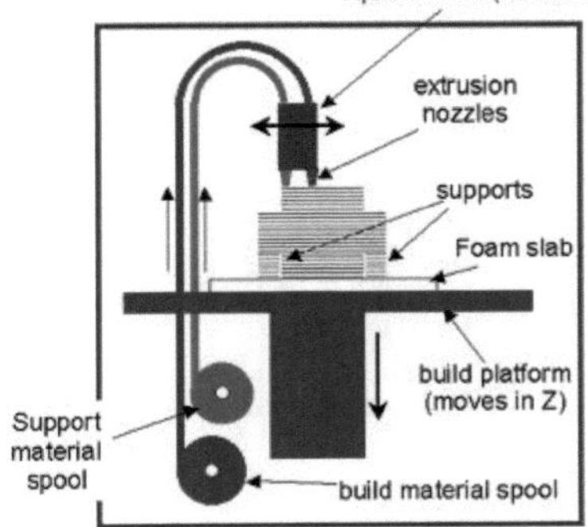

Fonte: http://www.xpress3d.com/FDM.aspx

Sinterização selectiva por laser (SLS)

A sinterização selectiva por laser foi inventada na década de 1980 por Carl Deckard, juntamente com os seus colegas da Universidade do Texas. A tecnologia SLS é semelhante à SLA no que respeita ao seu funcionamento. No entanto, a SLS utiliza substâncias em pó como substituto do fotopolímero líquido numa cuba. Os materiais em pó podem ser metais como a prata, poliestireno, nylon, cerâmica e vidro. Quando o laser incide sobre o pó, a substância é sinterizada no ponto. Todos os pós que não são fundidos permanecem nas suas posições originais e formam a estrutura de suporte do objeto. Por conseguinte, ao contrário da FDM e da SLA, a SLS não cria resíduos adicionais.

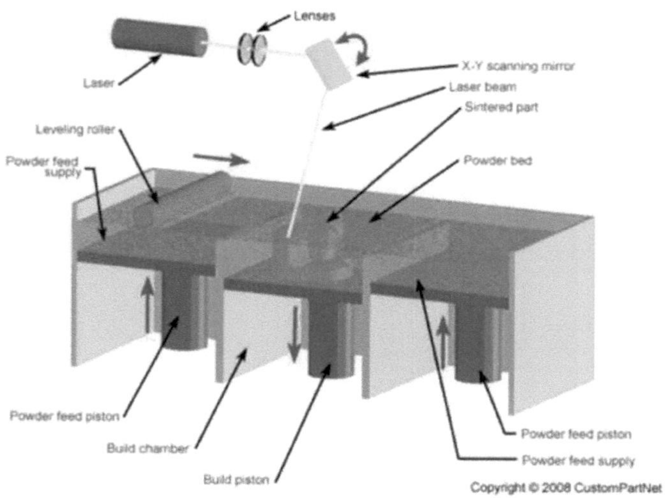

Fonte: http://www.custompartnet.com/wu/selective-laser-sintering

Fotopolímero PolyJet

Esta tecnologia foi desenvolvida pela Stratasys. Funciona de forma semelhante à tecnologia de impressão de documentos a jato de tinta. No entanto, em vez de jorrar gotas de tinta para o papel de impressão, as impressoras que utilizam esta tecnologia lançam camadas de fotopolímero líquido para uma cuba e endurecem-nas com luz UV. As camadas acumulam-se para produzir um modelo de objeto em 3D. Os modelos 3D totalmente endurecidos podem ser retirados e utilizados imediatamente, sem necessidade de pós-cura. O suporte é fornecido pelo material do modelo e pelo material de suporte tipo gel desenvolvido para segurar as extensões. O fotopolímero Polyjet permite a inclusão de várias cores numa única impressão. Produz objectos 3D de alta resolução.

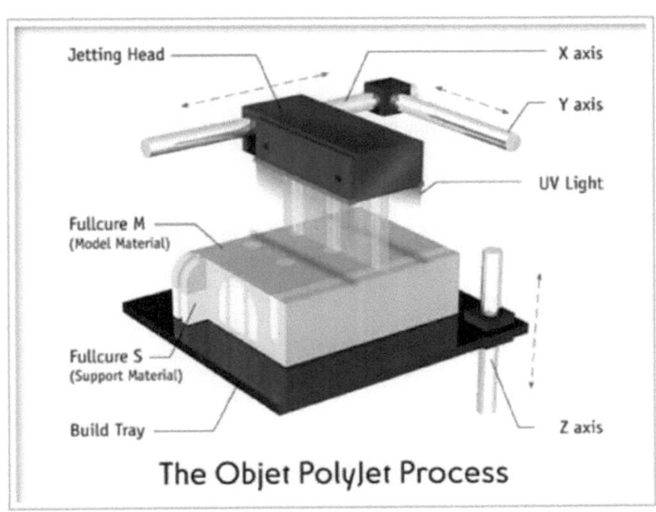

Extrusão de seringas

Esta tecnologia consiste em equipar materiais com viscosidade cremosa com extrusoras de seringa. Os materiais podem incluir alimentos como chocolates, cimento e argila. A seringa é aquecida ou não aquecida, consoante o material. Por exemplo, o chocolate requer extrusoras quentes.

Fonte: http://hannahnapier.co.uk/2011/12/3d-printed-chocolate-advent-calendar/

Outros métodos

As principais tecnologias acima referidas têm outras variantes. Por exemplo, existe o Selective Laser

Melting (SLM), que é semelhante ao SLS, mas derrete completamente o pó em vez de o colar a uma temperatura mais baixa. Existe também uma grande semelhança entre a fusão por feixe de electrões (EBM) e a SLS. A primeira utiliza o feixe de electrões enquanto a segunda utiliza o laser UV. Por outro lado, o fabrico de objectos laminados (LOM) é uma tecnologia diferente. Nesta tecnologia, os plásticos cortados, os laminados metálicos e o papel revestido com adesivo são fundidos e cortados e moldados com uma faca ou um cortador a laser.

Factores que influenciam a adoção da tecnologia de impressão 3D

Tipo de atividade

A tecnologia de impressão 3D é muito utilizada nas indústrias transformadoras com muitos processos de produção complexos. A tecnologia tem a capacidade de simplificar processos como a montagem digital de componentes. Isto reduz a quantidade de mão de obra necessária para completar a produção de produtos. A tecnologia também permite que os fabricantes personalizem os produtos de acordo com as necessidades dos clientes. A adoção desta tecnologia no sector dos serviços é ainda reduzida.

Custo

O aumento do custo de funcionamento das indústrias transformadoras está também a impulsionar a adoção da tecnologia de impressão 3D no processo de fabrico. Em primeiro lugar, a tecnologia pode ser utilizada para detetar as falhas na conceção do produto antes do início da produção efectiva. Isto protege os fabricantes de grandes perdas que podem ocorrer em caso de recolha de produtos, como acontece normalmente na indústria automóvel. Em segundo lugar, a impressão 3D elimina um bom número de processos de produção. Assim, reduz o custo de fabrico dos produtos.

Trabalho

A tecnologia de impressão 3D tem um enorme potencial de redução de salários. Consequentemente, as empresas estão a adoptá-la para reduzir a sua massa salarial. O problema da mão de obra dispendiosa é mais acentuado no sector da indústria transformadora do que no sector dos serviços. Por conseguinte, a indústria transformadora é o principal motor da adoção da tecnologia 3D. No entanto, existem algumas jurisdições onde os cortes salariais são estritamente regulamentados. Nos mercados de trabalho protegidos, a adoção da tecnologia é lenta porque as empresas não beneficiam plenamente da tecnologia.

Eficiência

O fabrico aditivo não implica a remoção de materiais para produzir um novo produto. Apenas adiciona camadas de materiais para formar um objeto. Assim, simplifica o processo de fabrico e reduz o tempo necessário para fabricar lotes específicos de produtos. Consequentemente, a tecnologia melhora a eficiência operacional. Isto explica a razão pela qual os fabricantes de produtos digitais, aviões e automóveis utilizam continuamente esta tecnologia. Também investiram uma quantidade substancial de recursos financeiros para melhorar a maximização da utilização da tecnologia de impressão 3D para beneficiarem da sua eficácia.

Vantagem competitiva

As necessidades das empresas estão em constante evolução. Sempre que estas necessidades surgem, a empresa depara-se com lacunas que podem ser colmatadas através da utilização da tecnologia. Assim, a utilização da tecnologia de impressão 3D destina-se a resolver problemas operacionais e a obter vantagens competitivas.

Tendências de impressão 3D

A tecnologia de impressão 3D está a mudar o processo de desenvolvimento de protótipos. Tradicionalmente, a maioria das empresas subcontratava a conceção dos seus produtos. Devido a restrições orçamentais, as empresas apenas encomendavam um número limitado de protótipos. A impressão 3D está a mudar esta prática, permitindo que as empresas desenvolvam o seu próprio protótipo e continuem a melhorá-lo até obterem uma qualidade desejável. O controlo do desenvolvimento do design do produto permitiu às empresas fabricar produtos melhores. Está também a reduzir o tempo necessário para lançar novos produtos. As impressoras 3D também são utilizadas para o fabrico de produtos. A Nike já está a fabricar partes de sapatos utilizando esta tecnologia. Algumas empresas estão a transformar os seus protótipos criados pela tecnologia em produtos. Consequentemente, poupam os fundos necessários para construir uma fábrica. Além disso, as impressoras 3D estão a ser continuamente utilizadas para imprimir materiais como a cerâmica e o vidro. Este facto aumentou o âmbito dos produtos que podem ser fabricados com esta tecnologia. No futuro, o cliente dirá às empresas a natureza do produto que pretende fabricar. Este facto melhorará significativamente a relação empresa-cliente.

Declaração do problema

A utilização de impressoras 3D está a aumentar. No entanto, algumas empresas são inflexíveis na adoção da tecnologia porque não compreendem os seus benefícios reais. Além disso, existe muita desinformação sobre a adequação da tecnologia. Estes dois factores estão a afetar a adoção desta tecnologia em todo o mundo. Esta investigação tem como objetivo investigar a influência das impressoras 3D nas empresas.

Objectivos do estudo

Os objectivos específicos do estudo foram os seguintes

1. Para descobrir os benefícios que as empresas obtêm com a adoção da tecnologia de impressão 3D

2. Determinar as estratégias que as empresas devem adotar para obterem benefícios reais da tecnologia

Questões de investigação

Este estudo procurou responder às seguintes questões de investigação:

1. Como é que as empresas poderão beneficiar da adoção da impressão 3D, uma vez que a tecnologia se tornou agora facilmente acessível?

2. Em relação ao(s) benefício(s) acima referido(s), que estratégia deve a empresa adotar para implementar as tecnologias de impressão 3D, a fim de tornar o(s) benefício(s) uma realidade?

Unidade de análise

De acordo com Roebuck (2011), a unidade de análise refere-se a itens ou pessoas que possuem as caraterísticas que o estudo pretende investigar. Por conseguinte, podem ser pessoas, grupos, organizações, países, objectos ou quaisquer outras entidades a partir das quais o estudo pretende fazer inferências científicas. A primeira questão de investigação procura investigar de que forma as empresas beneficiam com a adoção da impressão 3D. Neste caso, a unidade de análise é uma empresa que adopta a impressão 3D. Isto porque a principal questão de interesse é a forma como a nova tecnologia as afecta. A segunda questão de investigação procura identificar as estratégias que as empresas podem utilizar na implantação das tecnologias de impressão 3D, de modo a obterem o máximo de benefícios. Por conseguinte, para ambas as questões de investigação, a unidade de análise é a empresa.

Importância da investigação

A investigação é útil para as empresas que pretendem adotar a tecnologia de impressão 3D. Fornece uma compreensão da tecnologia de impressão 3D e dos seus benefícios. As empresas podem utilizar os resultados da investigação para tomar decisões sobre a forma de a empregar nas operações comerciais. A investigação é também útil para os fabricantes de impressoras 3D, que podem utilizar os resultados para melhorar os seus produtos. Os resultados da investigação podem também ser utilizados por outros investigadores que planeiem realizar estudos sobre a tecnologia de impressão 3D.

Âmbito da investigação

O estudo centrou-se na influência da tecnologia de impressão 3D nas empresas. As empresas que utilizam a tecnologia 3D forneceram as informações adequadas referidas nos resultados.

Limitações da investigação

Alguns dos inquiridos mostraram-se relutantes em participar no inquérito devido ao receio de que os seus segredos comerciais pudessem ser partilhados com os seus concorrentes. No entanto, o investigador garantiu aos inquiridos que os resultados seriam utilizados apenas para fins académicos. Além disso, a falta de familiaridade com termos tecnológicos relacionados com a tecnologia 3D, como a resolução, levou a respostas inválidas. No entanto, os entrevistadores receberam instruções para explicar estes termos tecnológicos aos inquiridos numa linguagem clara e compreensível.

Esta secção aborda a revisão da literatura sobre a investigação. Esta revisão fornece ao leitor uma explicação da investigação já efectuada e da forma como os resultados se relacionam com o problema em questão. A informação abrangida pela revisão da literatura foi obtida em livros, artigos de periódicos e outros materiais publicados.

Quadro teórico

De acordo com Krishnan & Bhattacharya (2002), a impressão 3D foi inicialmente desenvolvida para efeitos de prototipagem rápida. Ao permitir que os designers façam amostras físicas, não só identificam como também corrigem as falhas de conceção de forma económica e rápida. As empresas podem beneficiar deste facto porque os riscos comerciais são minimizados e o processo de desenvolvimento do produto é acelerado, o que está em linha com a teoria do desenvolvimento do produto. O objetivo do desenvolvimento de produtos é colocar o produto no mercado. Começa com a recolha de dados sobre a ideia e a determinação do mercado-alvo e do conceito do produto. As possíveis fontes de dados podem incluir o feedback dos clientes e relatórios de marketing. A esta fase segue-se a fase de viabilidade, em que é efectuada a avaliação das necessidades do cliente, são desenvolvidos os requisitos do produto e é efectuada a avaliação de outros conceitos alternativos. O processo passa então à fase de desenvolvimento efetivo, em que é verificada a conformidade com as especificações e é feita a avaliação do processo de fabrico e do protótipo. Segue-se a fase piloto e de fabrico. A avaliação do protótipo é efectuada com o auxílio de uma impressora 3D. Durante esta fase, a empresa concebe o produto e modifica-o, alterando o conteúdo do ficheiro digital até ficar satisfeita com a qualidade do protótipo. O protótipo é imitado na fase de fabrico.

CAPÍTULO 2. REVISÃO DA LITERATURA

De acordo com Langerak, Rijsdijk, & Dittrich (2009), a prototipagem é de longe a maior e principal aplicação comercial desta nova tecnologia e representa mais de 70% do mercado de impressão 3D. No entanto, devido a melhorias na velocidade e precisão da tecnologia, bem como na qualidade dos materiais necessários para a impressão, alguns sectores comerciais sentiram-se compelidos a ir além da utilização desta tecnologia apenas para investigação e desenvolvimento. Estão agora a incorporá-la na estratégia de fabrico. Os conceitos e a teoria podem ser derivados do facto de a tecnologia ser amplamente utilizada. O tipo de processo de fabrico que utiliza a tecnologia de impressão 3D é designado por processo de fabrico aditivo. Este processo de produção é utilizado pela indústria aeronáutica, pelos fabricantes de automóveis e pelos fabricantes de produtos digitais. Por exemplo, é atualmente utilizado para fabricar peças de dispositivos digitais e aeronaves. O fabrico aditivo tem algumas vantagens em relação ao fabrico convencional. Permite o processo de produção orientado para a conceção, em que a conceção determina o fabrico e não o contrário. O fabrico aditivo também permite a produção de objectos altamente complexos, que são simultaneamente leves e estáveis. Garante um elevado grau de flexibilidade na conceção do produto. As áreas funcionais podem ser integradas e optimizadas durante o fabrico. Além disso, permite o processo de fabrico em lotes que está associado a custos unitários razoáveis. Mais uma vez, os produtos podem ser personalizados durante o fabrico.

A impressão 3D está a ser utilizada na produção de jóias e de vários artigos de moda por medida. Os laboratórios dentários também estão a utilizar a impressão 3D para produzir implantes, pontes e coroas. As empresas do sector da saúde estão também a utilizá-la para desenvolver próteses e aparelhos auditivos, que se adaptam perfeitamente aos pacientes (Ali 2000). A tecnologia é também utilizada para produzir componentes electrónicos impressos em 3D. As impressoras têm a capacidade de imprimir componentes electrónicos em objectos como a caixa de um telemóvel. A impressão das partes electrónicas em objectos físicos elimina a necessidade de desenvolver placas de circuito separadas. A cablagem também é reduzida, o que diminui o peso e o tamanho das placas de circuito e simplifica o processo de montagem. Os principais fabricantes de automóveis, como a Toyota e a GM, têm utilizado esta tecnologia para imprimir peças de automóveis. O principal fabricante de aviões dos EUA, a Boeing, está atualmente a utilizar a tecnologia para condutas de controlo ambiental. A tecnologia reduziu a montagem de cerca de 20 peças de ECD a um único processo. Na medicina, a tecnologia é aplicada no tratamento de doenças e afecções e para fins de investigação. Por exemplo, os modelos 3D são utilizados para planear intervenções cirúrgicas complexas.

Uma vez que esta tecnologia é principalmente adequada para pequenos volumes, é uma alternativa rápida, económica e flexível em comparação com os métodos de produção em massa, se for utilizada para pequenas séries de produção (Gjerde, Slotnick e Sobel 2002). O único desafio regulamentar desta tecnologia é a sua relação com a proteção da propriedade intelectual. A teoria utilizada aqui é a minimização de custos, que explica como as pessoas podem reduzir os custos utilizando recursos disponíveis a baixo custo. A impressão 3-D ajuda a reduzir os custos nas empresas de fabrico. Muitas vezes, as empresas de fabrico requerem a criação de uma fábrica. A construção e o equipamento de uma fábrica exigem uma quantidade substancial de recursos financeiros. O montante de recursos financeiros necessários é significativamente mais elevado em processos de fabrico avançados, como o fabrico de aeronaves. No entanto, esta tecnologia é atualmente utilizada pelos fabricantes para fixar peças em dispositivos físicos. Consequentemente, a tecnologia de impressão 3D reduziu substancialmente os processos de fabrico utilizados por estes fabricantes. O processo de montagem pode ser efectuado uma única vez através da utilização de uma impressora 3D. Isto reduz o custo do processo de fabrico. Para além disso, a tecnologia encontra a sua maior aplicação no desenvolvimento de protótipos. Fornece informações adequadas sobre o produto em desenvolvimento. É capaz de identificar os aspectos dos produtos que podem falhar. As empresas utilizam-na também para detetar defeitos nos produtos. Estas avaliações assistidas por impressora 3D ajudam as empresas a reduzir os custos.

A utilização desta tecnologia e os potenciais benefícios para as empresas são regidos pela teoria do desenvolvimento de novos produtos. Isto porque a atualização e melhoria das linhas de produtos é essencial para o sucesso das organizações. O fracasso de qualquer organização em mudar para adotar esta tecnologia não só resulta no declínio das vendas, mas também na perda de vantagem competitiva (Cohen, Eliashberg & Ho 1996). As empresas que adoptaram a tecnologia de impressão 3D também obtêm outros benefícios, como a redução de custos, um elevado grau de liberdade de conceção do produto e a redução do tempo de desenvolvimento do produto. Estes benefícios conferem a estas empresas vantagens competitivas. A tecnologia permite que a empresa personalize os produtos com base nas necessidades dos clientes. Consequentemente, a empresa desenvolve uma boa relação com o cliente e as suas vendas aumentam. Quando os custos operacionais da empresa são reduzidos, esta obtém vantagens competitivas. Os custos reduzidos permitem à empresa realizar actividades de marketing, como publicidade e promoções. A vantagem em termos de custos pode também ser utilizada pela empresa para conceder descontos nos preços. Por último, a redução do tempo de desenvolvimento do produto permite à empresa lançar um produto no mercado antes dos seus concorrentes. A calendarização do lançamento de um produto é uma boa estratégia que normalmente produz resultados positivos.

Nesta investigação, a teoria do desenvolvimento de novos produtos descreve como as empresas podem integrar sistematicamente a tecnologia para obter os maiores benefícios. A teoria explica a criação de novos artigos utilizando meios eficazes. As impressoras 3D utilizam principalmente polímeros e compósitos. Por conseguinte, a tecnologia é mais sustentável do que a tecnologia utilizada pelas impressoras convencionais. É eficiente porque reduz o tempo necessário para desenvolver novos produtos. Além disso, a tecnologia é capaz de produzir estruturas complexas, estáveis e leves. Trata-se, portanto, de um método de produção eficaz.

Quadro concetual

Modelo de adoção de tecnologia

O Modelo de Adoção de Tecnologia (TAM) tenta descrever a forma como as empresas aceitam e eventualmente utilizam as novas tecnologias. Após o aparecimento da tecnologia de impressão 3D, a perceção de utilidade foi o primeiro fator a influenciar a sua adoção (Krar & Gill 2003). Isto deve-se ao facto de a tecnologia ser considerada aplicável apenas a prestadores de cuidados de saúde ou a empresas que operam no domínio científico. No início, o preço funcionou como um fator limitativo para as empresas que operam nas indústrias. No entanto, após a generalização e disponibilidade desta tecnologia, a sua adoção começou a expandir-se amplamente. A facilidade de utilização foi o outro fator que influenciou a adoção desta tecnologia (Krar & Gill 2003). A primeira máquina de impressão 3D desenvolvida em 1984 era muito complicada. Isto significava que a sua utilização exigia conhecimentos que estavam fora do alcance da maioria das empresas. No entanto, através da inovação e da mudança, operar máquinas de impressão 3D é agora muito fácil. Além disso, a inovação também facilitou a miniaturização das máquinas, tornando-as acessíveis a muitas empresas. Outros utilizadores, como empresas de fabrico, empresas de joalharia e escolas, estão agora a utilizar a tecnologia de impressão 3D.

Criação de valor

Apesar de estar a ser utilizada há muitas décadas, a tecnologia tem atraído a atenção dos meios de comunicação social e a atenção das pessoas nos últimos anos. Embora este sector seja pequeno e esteja na sua fase inicial, oferece grandes oportunidades de criação de valor. Três sectores-chave que podem beneficiar muito com esta tecnologia são o equipamento, o fabrico e o mercado (Lipson & Kurman 2013). Por exemplo, o sector do equipamento pode beneficiar através da criação de protótipos. A tecnologia de impressão 3D não só torna a prototipagem fácil como rápida. Além disso, o mercado tem a responsabilidade de estabelecer a interface com os consumidores. No entanto, a tecnologia de impressão 3D permite a criação de valor através da introdução de produtos impressos em 3D no mercado. Graças a esta tecnologia, a personalização e a customização são caraterísticas que foram agora libertadas.

Ao destacar os benefícios da impressão 3D na investigação, uma análise dos processos de investigação assume um papel central. Esta análise centra-se nos domínios empresariais que se concentram em alcançar os objectivos definidos através da aplicação da tecnologia. As vantagens da impressão de modelos 3D incluem uma prototipagem acelerada, mais barata e mais fácil. Isto revela-se fundamental para o desenvolvimento de novas ideias, como se vê na modelação dentária e na produção de jóias (Ali 2000). Este facto está também associado à elevada eficiência de custos. O avanço da tecnologia 3D conduziu a modelos operacionais mais fáceis e a uma maior disponibilidade da tecnologia para a maioria das empresas.

A aplicação da tecnologia 3D nas empresas conduz à criação de valor. Isto acaba por conduzir a uma transformação positiva da empresa que aplica a tecnologia. As empresas têm de adotar a tecnologia na criação de valor em todas as fases, de modo a obterem avanços no desempenho global. Isto diz respeito a três factores-chave que incluem o mercado, o fabrico e o equipamento. O equipamento é mais eficiente como resultado da personalização de caraterísticas. A aplicabilidade fundamental da prototipagem influencia a adoção da impressão 3D nas empresas.

Através da consideração dos domínios empresariais, é possível efetuar uma análise da impressão 3D em relação ao valor associado à tecnologia numa empresa. A aplicação da tecnologia numa empresa pode levar a um melhor desempenho através da garantia de eficiência na produção processos. Ao realizar uma investigação no sector, é destacada a importância da tecnologia para as empresas que a aplicam.

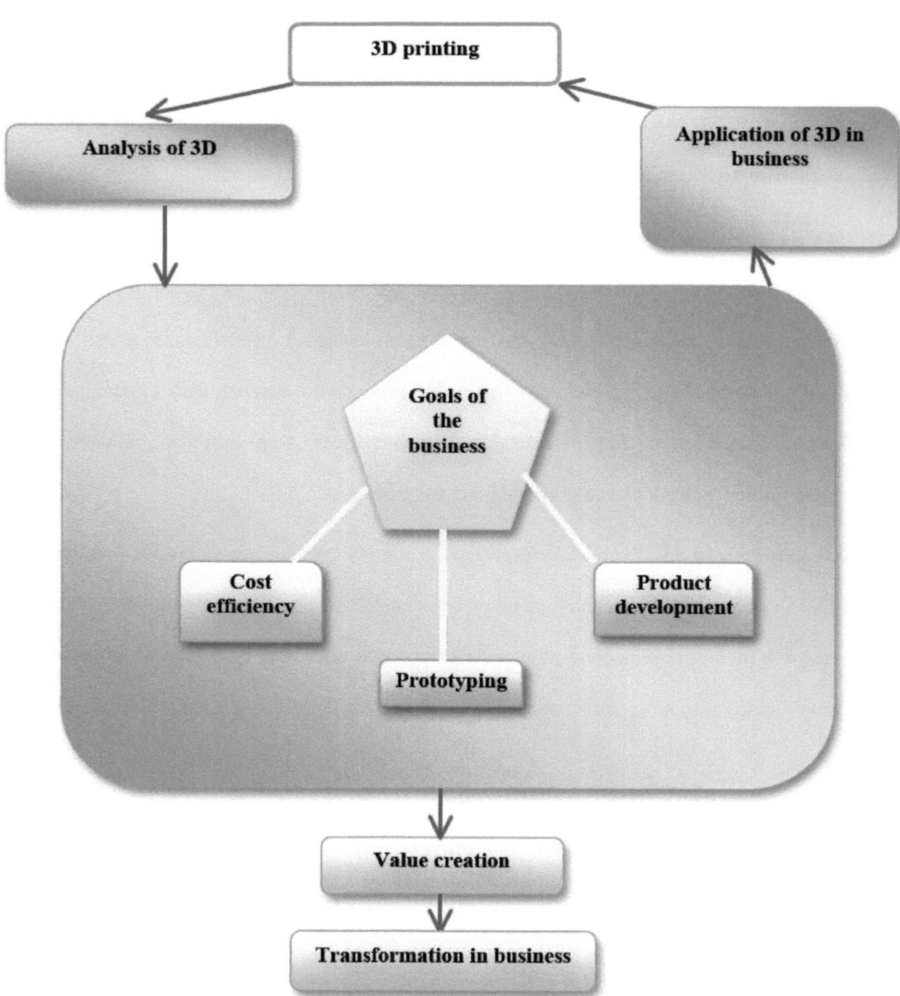
3D printing
Analysis of 3D
Application of 3D in business
Goals of the business
Cost efficiency
Prototyping
Product development
Value creation
Transformation in business

CAPÍTULO 3. METODOLOGIA DE INVESTIGAÇÃO

Esta secção apresenta as várias etapas e fases que foram seguidas na realização do estudo. Contém os instrumentos utilizados para a recolha de dados, a medição e a análise dos dados. Por conseguinte, nesta secção, a investigação identifica os procedimentos e técnicas que foram utilizados na recolha, tratamento e análise dos dados. Especificamente, estão incluídas as seguintes subsecções: conceção da investigação, população-alvo, instrumentos de recolha de dados, procedimentos de recolha de dados e, finalmente, análise de dados.

Conceção da investigação

A conceção da investigação refere-se ao método que foi utilizado para efetuar uma investigação. É importante destacar os dois métodos principais de investigação e recolha de dados: quantitativo e qualitativo. A conceção de investigação descritiva, por outro lado, é um método científico que envolve a observação e a descrição do comportamento de um sujeito sem o influenciar de forma alguma. De acordo com Donald e Pamela (1998), o estudo descritivo preocupa-se em descobrir o quê, onde e como de um fenómeno.

O foco principal deste estudo foi quantitativo. A investigação adoptou um desenho de investigação descritivo que se destinava a descobrir os benefícios que as empresas obtêm com a utilização da impressora 3D e as estratégias que devem pôr em prática para obterem benefícios reais. .

População-alvo

A população-alvo é o conjunto de pessoas, serviços, elementos e acontecimentos, grupo de coisas ou agregados familiares que estão a ser investigados. A população contém as caraterísticas que o investigador está a procurar e, por isso, são feitas inferências em relação a ela. A população de interesse deste estudo era constituída por empresas que utilizam impressoras 3D nos Estados Unidos da América.

Conceção da amostra

O plano de amostragem descreve a unidade de amostragem, a base de amostragem, os procedimentos de amostragem e a dimensão da amostra para o estudo. A base de amostragem descreve a lista de todas as unidades da população a partir das quais a amostra foi selecionada (Cooper & Schindler, 2003)

Foi utilizada uma amostragem selectiva para selecionar a amostra. No total, foram selecionadas 11 empresas para participar no estudo. As empresas foram selecionadas com base nas informações recolhidas nos seus sítios Web. Foram selecionadas de dois sectores: produção e transformação, bem como comércio. As empresas de fabrico eram as que estavam envolvidas na transformação de materiais em produtos acabados. As empresas de comércio e indústria estavam envolvidas na venda de bens e serviços.

Recolha de dados

Os dados foram recolhidos através de um questionário auto-administrado. Este questionário foi enviado aos diretores de operações das 11 empresas através do endereço eletrónico oficial indicado nos sítios Web das empresas. Foi enviado um consentimento por correio eletrónico aos diretores executivos destas empresas cerca de um mês antes do início da recolha de dados. Das 11 empresas, 10 concordaram em participar no inquérito através da comunicação feita pelos gestores. Uma recusou-se a participar no inquérito. Os questionários devolvidos foram 8, o que significa que 2 empresas não enviaram as suas respostas por correio eletrónico. Isto representa uma taxa de resposta de 73%.

O questionário continha 9 conjuntos de perguntas que incidiam sobre muitos aspectos da atividade. Os questionários continham apenas perguntas fechadas. As perguntas fechadas fornecem respostas mais estruturadas que são fáceis de analisar.

Análise e apresentação de dados

Antes de processar as respostas, os questionários preenchidos foram editados para garantir a sua exaustividade e coerência. Foram utilizadas a análise de conteúdo e a análise descritiva. A análise de conteúdo foi utilizada para analisar a informação qualitativa dos dados secundários, enquanto a estatística descritiva foi utilizada para resumir os dados das opiniões dos inquiridos sobre os benefícios da impressão 3D para as empresas. Os dados quantitativos foram codificados para permitir que as respostas fossem agrupadas em várias categorias. Isto inclui percentagens, frequências e médias. Também foram utilizadas tabelas e outras apresentações gráficas, conforme adequado, para apresentar os dados recolhidos para facilitar a compreensão e a análise. Isto gera dados qualitativos e qualitativos que foram utilizados para compilar o relatório.

CAPÍTULO 4. ANÁLISE DOS DADOS E APRESENTAÇÃO DOS RESULTADOS

Esta secção centrou-se na análise de dados e na apresentação dos resultados para investigar os benefícios da impressão 3D para as empresas. Os dados foram analisados como percentagens e médias e apresentados através de tabelas e gráficos.

A taxa de resposta

O estudo pretendia inquirir 11 empresas. Dez empresas consentiram em participar no inquérito. No entanto, apenas oito empresas devolveram os questionários preenchidos. Isto representa uma taxa de resposta de 73%. De acordo com Whitlatch, (2000), uma taxa de resposta superior a 70% é boa. Consequentemente, o processo de recolha de dados foi muito bem sucedido.

Setor empresarial

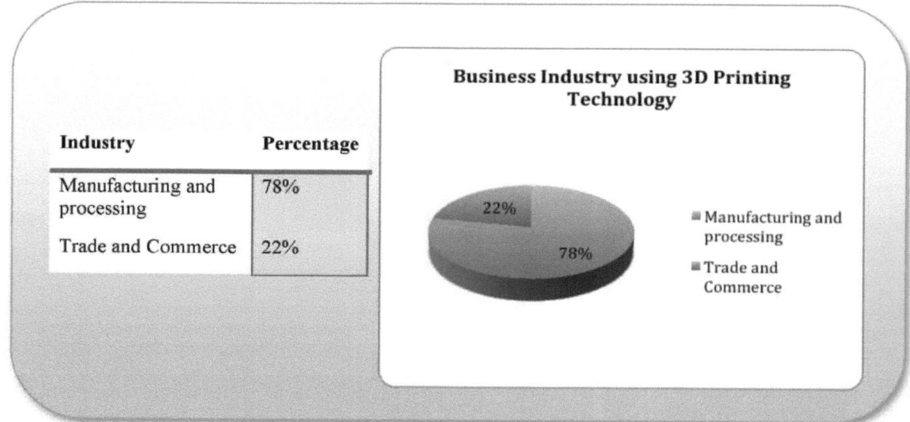

Industry	Percentage
Manufacturing and processing	78%
Trade and Commerce	22%

Receitas comerciais

Receita anual	Percentagem
$100 milhões -$200 milhões	9%
200 milhões de dólares - 300 milhões de dólares	5%
300 milhões de dólares - 400 milhões de dólares	7%
400 milhões de dólares - 500	8%

milhões de dólares	
500 milhões de dólares - 600 milhões de dólares	13%
600 milhões de dólares - 700 milhões de dólares	18%
700 milhões de dólares - 800 milhões de dólares	10%
800 milhões de dólares - 900 milhões de dólares	16%
$900 million -$1000 million	14%

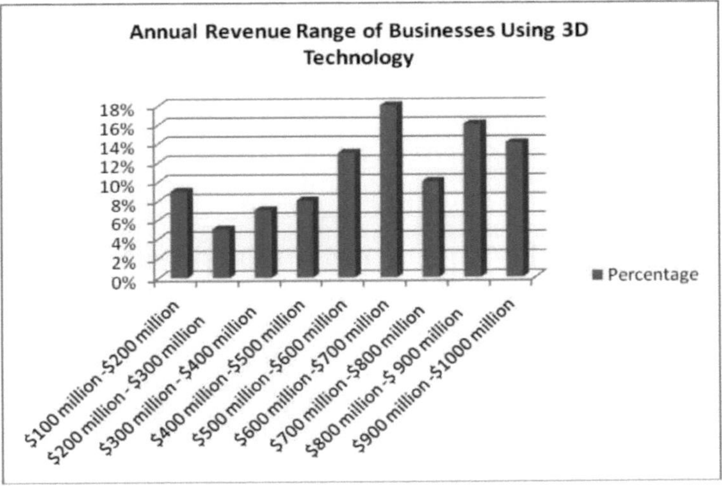

Cálculo da média

Ponto médio (X)	Frequência (F)	XF em milhões
150 milhões de euros	9	1350
250 milhões de euros	5	1250
350 milhões de euros	7	2450
450 milhões de euros	8	3600
550 milhões de euros	13	7150
650 milhões de euros	18	11700
750 milhões de euros	10	7500
850 milhões de euros	16	13600

950 milhões de euros	14	13300
Total	**100**	**61900**

$$\text{Mean} = \frac{\sum XF}{F} = \frac{61900}{100} = 619 \text{ million}$$

Duração do período de funcionamento da empresa

Period	Percentage
Below 5 years	3%
5 -10 years	6%
10 -15 years	17%
15 -20 years	20%
20 – 25 years	17%
25 -30 years	26%
30 – 35 years	11%

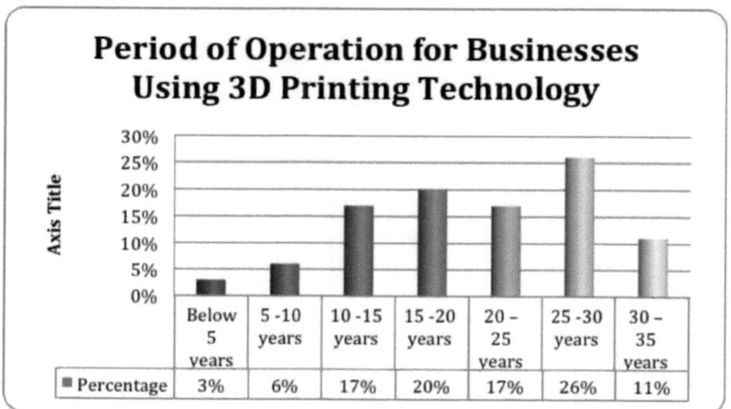

Cálculo da média

Midpoint (X)	Frequency (F)	XF
2.5	3	7.5
7.5	6	45
12.5	17	212.5
17.5	20	350
22.5	17	382.5
27.5	26	715
32.5	11	357.5
Total	**100**	**2070**

$$\text{Mean} = \frac{\sum XF}{F} = \frac{2070}{100} = 20.7 \text{ years}$$

Duração do período de utilização da impressora 3D

Período	Percentagem
Menos de 5 anos	74%
5-10 anos	18%
10 -15 anos	5%
15 -20 anos	1%
20 - 25 anos	1%
25 -30 anos	1%
30 - 35 anos	0%

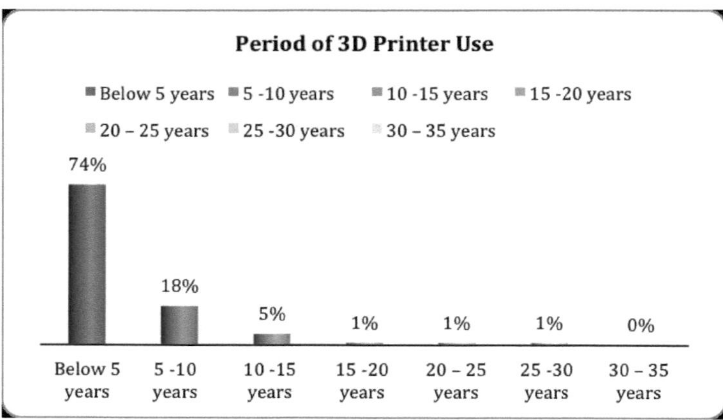

Cálculo da média

Ponto médio	Frequência (F)	XF
2.5	74	185
7.5	18	135
12.5	5	62.5
17.5	1%	17.5
22.5	1%	22.5
27.5	1%	27.5
32.5	0%	0
Total	**100**	**450**

$$\text{Mean} = \frac{\sum XF}{F} = \frac{450}{100} = 4.5 \text{ years}$$

Fabricantes de impressoras 3D

Fabricante	Percentagem
Geometrias de objectos	9%
Corporação Z	13%
Sistemas 3D	26%
Stratasys	38%
Outros	14%

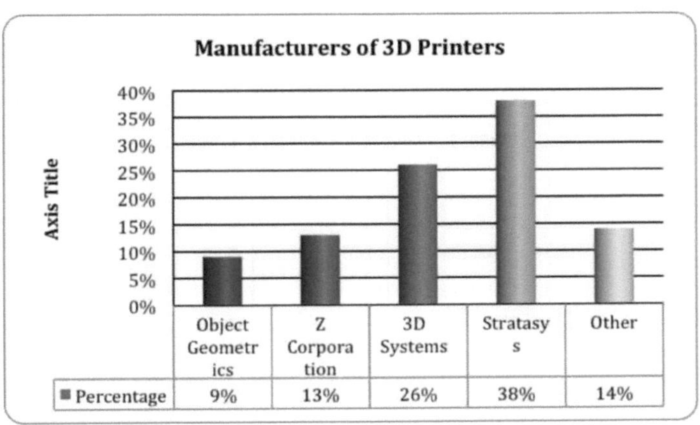

Utilização da impressora 3D

Utilização	Percentagem
Fabrico aditivo	13%
Prototipagem	87%

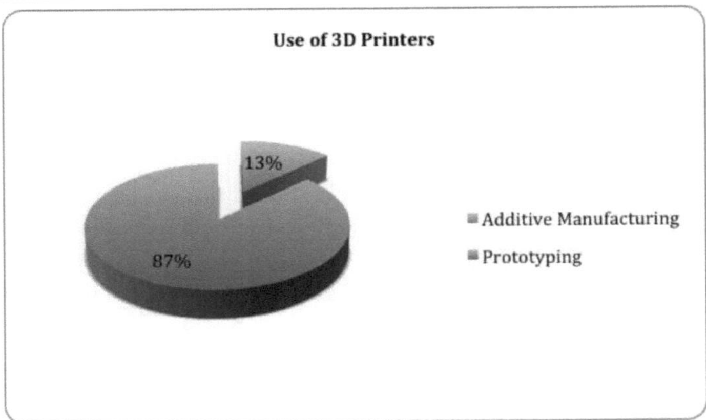

Grau de concordância com a afirmação de que a impressão 3D reduz o tempo de criação de protótipos e de fabrico

Extensão	Percentagem
Em grande medida	68%
Extensão moderada	24%
Baixa extensão	8%
Sem qualquer extensão	0%

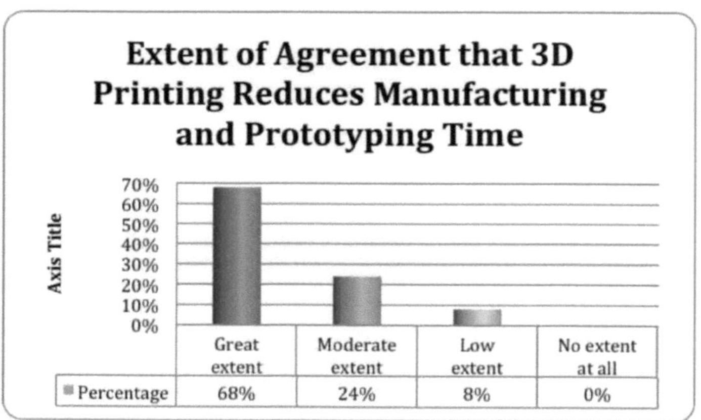

Grau de concordância com a afirmação de que a impressão 3D reduz o custo da criação de protótipos e do fabrico

Extensão	Percentagem
Em grande medida	45%
Extensão moderada	29%
Baixa extensão	26%
Sem qualquer extensão	0%

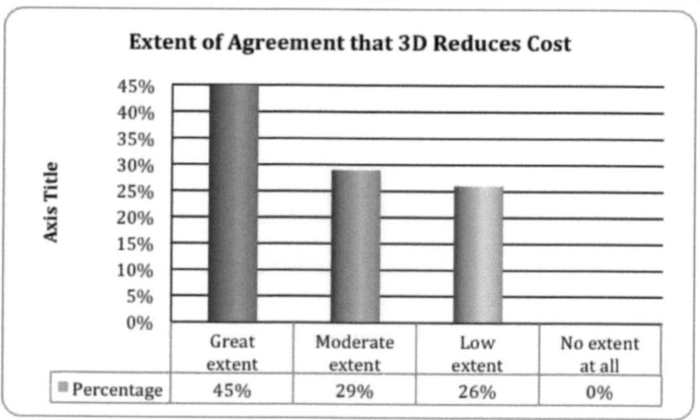

Grau de concordância com a afirmação de que a impressão 3D reduz os resíduos durante o fabrico e a criação de protótipos

Extensão	Percentagem
Em grande medida	32%
Extensão moderada	23%
Baixa extensão	38%

Sem qualquer extensão	7%

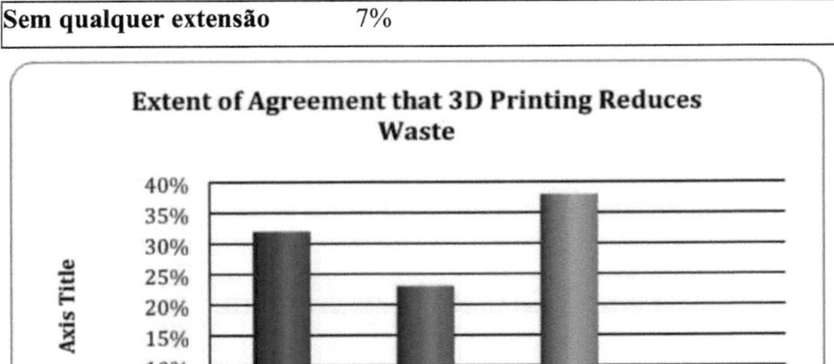

Grau de concordância com a afirmação de que os produtos impressos em 3D são de alta qualidade

Extensão	Percentagem
Em grande medida	16%
Extensão moderada	35%
Baixa extensão	39%
Sem qualquer extensão	10%

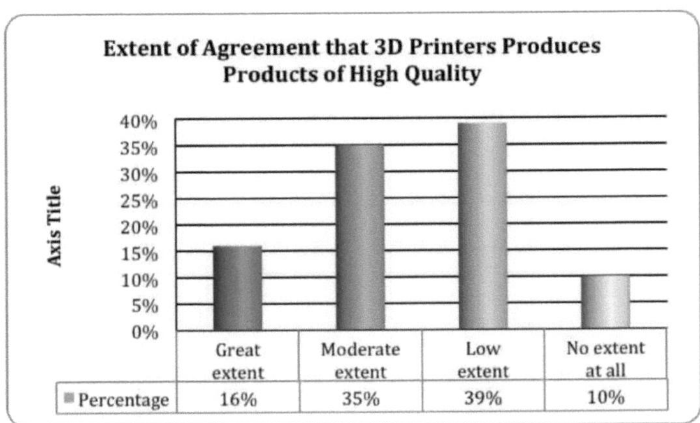

Grau de concordância com a afirmação de que a impressão 3D permite personalizações durante a criação de protótipos/fabrico

Extensão	Percentagem
Em grande medida	52%
Extensão moderada	25%

Baixa extensão	23%
Sem qualquer extensão	0%

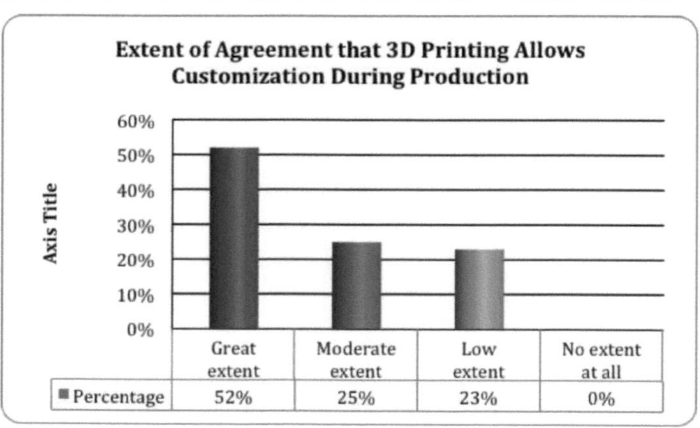

Grau de concordância com a afirmação de que a impressão 3D promove a produção ecológica e a sustentabilidade

Extensão	Percentagem
Em grande medida	12%
Extensão moderada	44%
Baixa extensão	27%
Sem qualquer extensão	17%

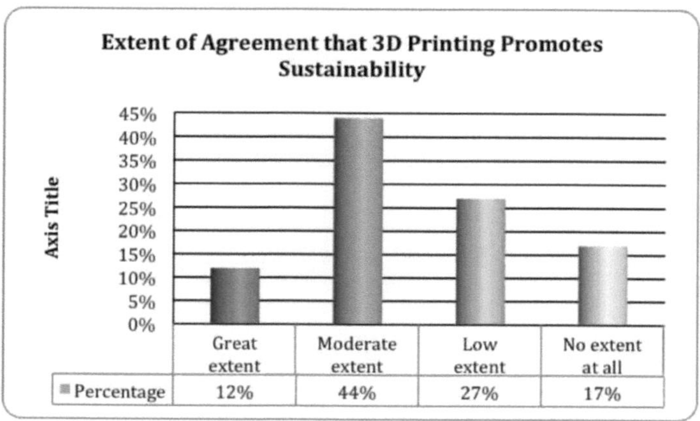

Grau de concordância com a afirmação de que a impressão 3D aumenta a inovação

Extensão	Percentagem
Em grande medida	51%
Extensão moderada	40%

Baixa extensão	6%
Sem qualquer extensão	3%

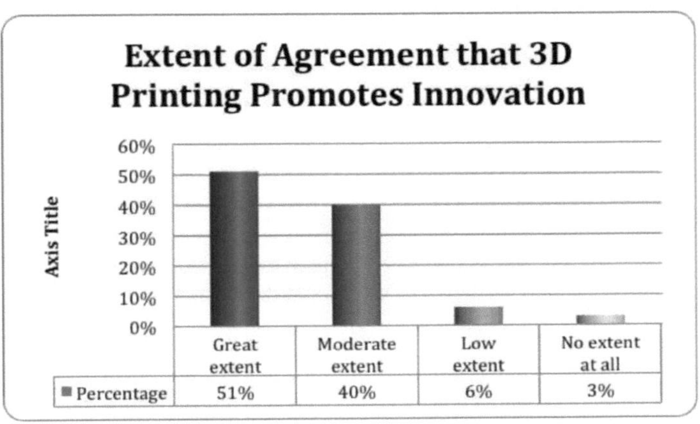

Grau de concordância com a afirmação de que o custo é o principal obstáculo à utilização de uma impressora 3D

Extensão	Percentagem
Em grande medida	56%
Extensão moderada	39%
Baixa extensão	4%
Sem qualquer extensão	1%

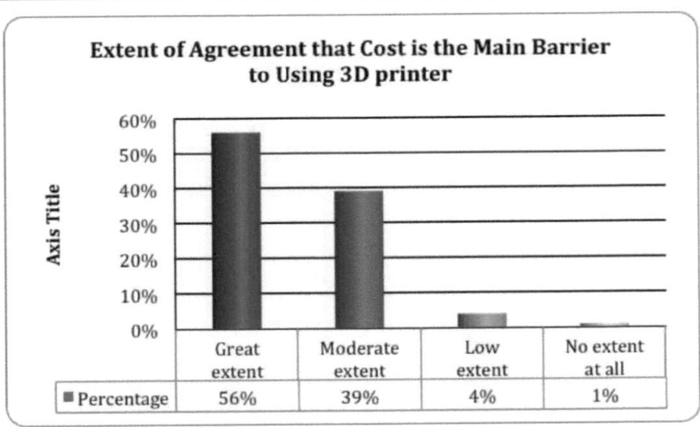

Grau de concordância com a afirmação de que a limitação de materiais é o principal obstáculo à utilização da impressora 3D

Extensão	Percentagem
Em grande medida	24%

Extensão moderada	21%
Baixa extensão	42%
Sem qualquer extensão	13%

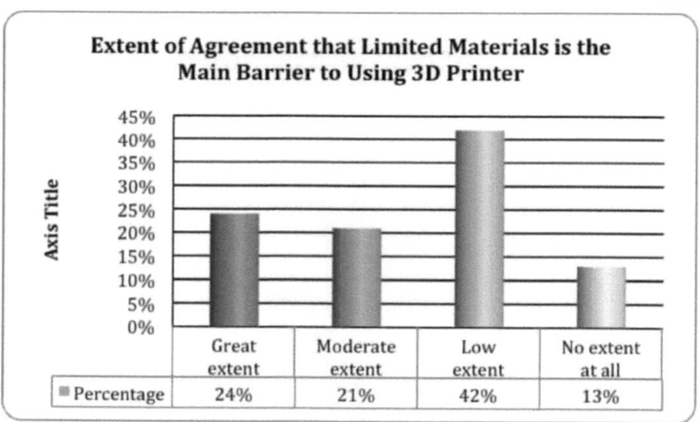

Grau de concordância com a afirmação de que o tamanho limitado do produto impresso é o principal obstáculo à utilização da impressora 3D

Extensão	Percentagem
Em grande medida	11%
Extensão moderada	23%
Baixa extensão	37%
Sem qualquer extensão	29%

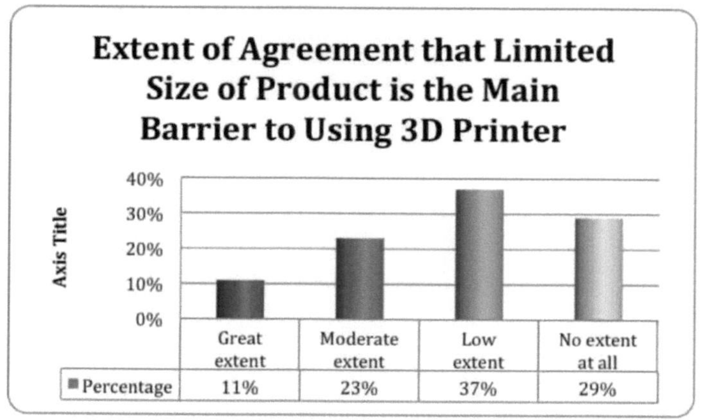

Grau de concordância com a afirmação de que a impressão 3D aumentará a produção de produtos contrafeitos

Extensão	Percentagem
Em grande medida	66%
Extensão moderada	25%
Baixa extensão	6%
Sem qualquer extensão	3%

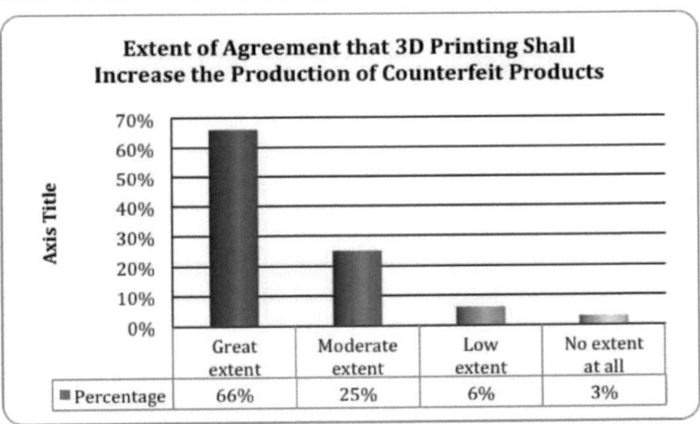

Grau de concordância com a afirmação de que a impressão 3D irá aumentar a produção de armas

Extensão	Percentagem
Em grande medida	15%
Extensão moderada	28%
Baixa extensão	31%
Sem qualquer extensão	26%

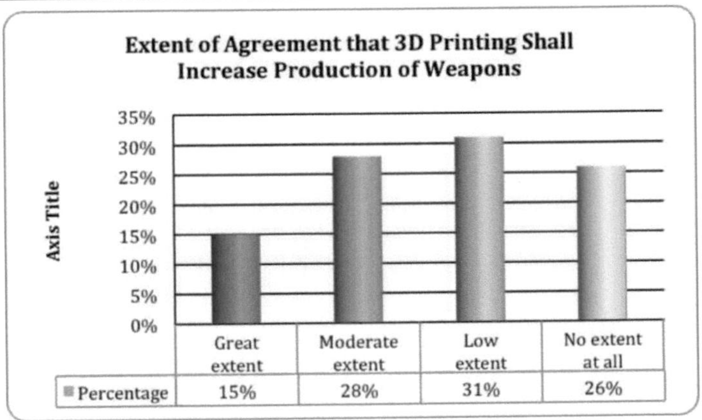

Grau de concordância com a afirmação de que a impressão 3D levará à perda de postos de trabalho no sector da indústria transformadora

Extensão	Percentagem
Em grande medida	36%
Extensão moderada	37%
Baixa extensão	23%
Sem qualquer extensão	4%

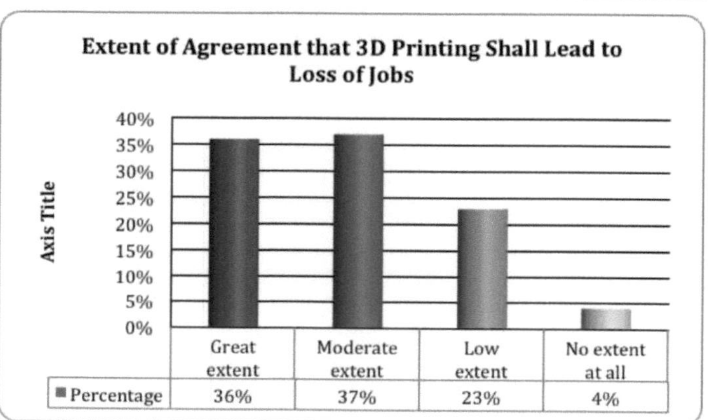

Nível de satisfação com a utilização da impressora 3D

Nível de satisfação	Percentagem
Muito satisfeito	25%
Satisfeito	27%
Moderadamente satisfeito	29%
Menos satisfeito	19%
Não satisfeito	0%

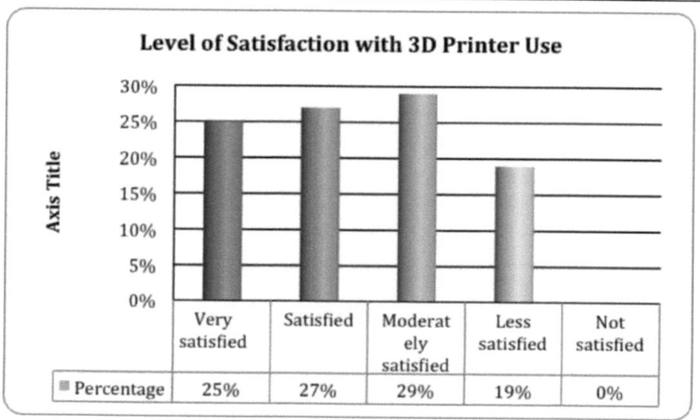

CAPÍTULO 5. DISCUSSÃO, CONCLUSÕES E RECOMENDAÇÕES

Esta secção apresenta a discussão dos principais resultados dos dados, as conclusões retiradas dos resultados destacados e as recomendações feitas para investigar os benefícios das impressoras 3D para as empresas. As conclusões e as recomendações elaboradas centraram-se na abordagem do objetivo deste estudo.

Setor empresarial

A utilização da tecnologia de impressão 3D é mais predominante no sector da produção e transformação do que no sector do comércio. 78% das empresas com impressoras 3D estão envolvidas na transformação de matérias-primas em produtos acabados ou estão a processar bens. Por outro lado, 22% das empresas que utilizam impressoras 3D estão envolvidas na venda de bens e serviços. Estas empresas operam gabinetes de impressão 3D onde os clientes podem imprimir como um serviço.

Receitas comerciais

A maioria das empresas que utilizam impressoras 3D nas suas operações está fortemente capitalizada. O estudo centrou-se apenas em empresas de média dimensão com receitas anuais entre 100 milhões e mil milhões, uma vez que se considerou que dispunham dos recursos financeiros necessários para gerir e manter as impressoras 3D. 71% das empresas que utilizam impressoras 3D têm uma receita média anual superior a 500 milhões. As empresas com uma receita média anual inferior a 500 milhões representavam 21% das empresas. A maioria, 18%, tinha receitas anuais entre os 600 e os 700 milhões de dólares. A receita média anual das empresas de média dimensão que utilizam impressoras 3D era de 619 milhões de dólares.

Duração do período de funcionamento da empresa

A maioria das empresas que utilizam impressoras 3D está em atividade há 15 a 30 anos. Representam 63% das empresas que utilizam a tecnologia de impressão 3D. Estas empresas são capazes de adquirir, operar, gerir e manter impressoras 3D porque acumularam capital durante muito tempo. Pertencem maioritariamente ao sector da indústria transformadora e há muitos anos que procuram métodos de produção rentáveis. As empresas que foram fundadas há menos de 10 anos ficaram para trás na utilização da tecnologia de impressão 3D . Representam apenas 9% das empresas que utilizam a tecnologia. O período médio de atividade das empresas que utilizam a tecnologia de impressão 3D foi de 21 anos. Isto significa que as empresas que foram criadas há muitos anos têm mais probabilidades de beneficiar da utilização da tecnologia de impressão 3D do que as empresas que foram criadas há cerca de 15 anos.

Duração do período de utilização da impressora 3D

Embora a impressão 3D tenha surgido na década de 1980, muitas empresas mostraram-se relutantes em adoptá-la até meados da década de 2000. A grande maioria, 74% das empresas, utilizou a tecnologia de impressão 3D durante menos de 5 anos. Ou seja, a maioria das empresas começou a adquirir impressoras 3D em 2008. 97% das empresas utilizaram as impressoras durante um período inferior a 15 anos. Nenhuma empresa tinha adotado a tecnologia em 1984, quando foi introduzida pela primeira vez. Estes números implicam que a impressão 3D tem registado um crescimento modesto nos últimos 10 anos. Prevê-se que este crescimento impressionante continue em 2014 e nos próximos anos, à medida que mais empresas procuram métodos de fabrico menos dispendiosos. Os fabricantes de automóveis, eletrónica e medicamentos já estão a liderar a tecnologia de impressão 3D. Até à data, os consumidores estão a utilizar medicamentos fabricados com recurso à tecnologia de impressão 3D. Além disso, a tecnologia é utilizada por empresas de eletrónica para montar componentes na placa-mãe. A idade média de funcionamento das impressoras 3D pelas empresas foi de 4,5 anos.

Fabricantes de impressoras 3D

O fabrico de impressoras 3D é altamente especializado e poucas empresas de eletrónica no mundo fabricam este tipo de impressoras. Tecnicamente, existem dois fabricantes conceituados de impressoras 3D, todos sediados nos EUA. São eles a Statasys e a 3D systems. A Statasys e a 3D Systems adquiriram a Object Geometrics e a Z Corporation, respetivamente, no ano de 2012. No entanto, as empresas foram tratadas como empresas independentes, porque havia muitas empresas que tinham comprado impressoras antes de 2012. No entanto, a quota de mercado combinada da Statasys e da 3D Systems é de 47% e 39%, respetivamente. Ou seja, 86% das empresas adquirem as suas impressoras 3D a empresas locais.

Utilização da impressora 3D

Tradicionalmente, as impressoras 3D têm sido utilizadas para a criação de protótipos. Isto continua a ser verdade ainda hoje. 87% das empresas de utilizam a impressora para fazer protótipos de produtos que fabricam ou vendem. 13% das empresas estão a utilizar a impressora para o fabrico de produtos reais. Isto significa que poucas empresas estão a utilizar a tecnologia de impressão 3D para a produção em massa. Existe uma investigação intensiva e alargada sobre a forma como as empresas podem aumentar a produção utilizando esta tecnologia.

Grau de concordância com a afirmação de que a impressão 3D reduz o tempo de criação de protótipos e de fabrico

A maioria, 68%, concorda plenamente que a tecnologia de impressão 3D reduz o tempo de fabrico e de criação de protótipos. De facto, nenhuma empresa discordou da afirmação. Apenas o grau de concordância varia. A tecnologia de impressão 3D reduz o tempo necessário para fabricar um produto ou fazer protótipos. Esta é uma das maiores vantagens destas tecnologias. Uma vez concebido um produto através de um software de modelação 3D, este é produzido muito rapidamente através da impressão. Esta tecnologia elimina muitos processos de fabrico que aumentam o tempo de produção.

Grau de concordância com a afirmação de que a impressão 3D reduz o custo da criação de protótipos e do fabrico

Mais uma vez, a afirmação de que a tecnologia de impressão 3D reduz o custo de fabrico e de criação de protótipos não foi contestada pelas empresas. Todas concordaram, num grau variável, que a tecnologia reduz o custo do negócio. 45% e 29% das empresas concordaram fortemente e moderadamente com a afirmação. 26% concordaram, mas em grau reduzido. Ou seja, as empresas beneficiam de custos reduzidos ao adoptarem a impressão 3D. A tecnologia reduz os custos operacionais, como os custos de mão de obra. Ao integrar a tecnologia no processo de fabrico, a empresa pode reduzir significativamente o número de funcionários e poupar custos.

Grau de concordância com a afirmação de que a impressão 3D reduz os resíduos durante o fabrico e a criação de protótipos

A redução de resíduos como benefício da tecnologia 3D não é considerada importante pelas empresas. Esta é a razão pela qual o nível de concordância com a afirmação de que a impressão 3D das empresas reduz os resíduos apresenta pouca variação. 32% concordam fortemente com a afirmação, enquanto 38% concordam em pequena medida. 7% não concordam de todo. A tecnologia de impressão 3D combina todos os processos de fabrico num só. Consequentemente, reduz o desperdício associado à existência de muitos processos de fabrico.

Grau de concordância com a afirmação de que os produtos impressos em 3D são de alta qualidade

A qualidade é altamente contestada pelas empresas que utilizam a tecnologia de impressão 3D. Apenas 16% concordam plenamente que os produtos impressos em 3D são de alta qualidade. 10% duvidam da qualidade dos produtos fabricados com tecnologia 3D. 39% concordam pouco com os benefícios da impressão 3D em termos de qualidade. A impressão 3D segue o design do produto em todos os aspectos. Consequentemente, produz produtos de qualidade superior aos métodos de fabrico convencionais.

Grau de concordância com a afirmação de que a impressão 3D permite personalizações durante a criação de protótipos/fabrico

A maioria das empresas concorda que as impressões 3D permitem que os fabricantes personalizem os produtos de acordo com os seus próprios requisitos e os dos clientes. 52% concordam fortemente com esta afirmação e nenhuma empresa a desaprovou. 23% e 25% concordaram moderadamente e concordaram pouco com a afirmação, respetivamente. Com a impressão 3D, os fabricantes podem alterar o design do produto alterando o ficheiro modelado em 3D. Consequentemente, um cliente pode solicitar um desenho diferente e mandar fabricá-lo no local.

Grau de concordância com a afirmação de que a impressão 3D promove a produção ecológica e a sustentabilidade

Tal como a redução de resíduos, a produção ecológica e os benefícios de sustentabilidade da impressão 3D não são bem compreendidos pelas empresas. Isto deve-se ao facto de as empresas não poderem quantificar estes conceitos como o fazem para o custo e o tempo. Em minoria, 12% das empresas concordam fortemente que a impressão 3D é amiga do ambiente e sustentável. 17% não concordam de todo. A maioria, 44%, concorda moderadamente, enquanto 27% concordam pouco.

Grau de concordância com a afirmação de que a impressão 3D aumenta a inovação

A maioria das empresas, 51%, concordou fortemente com a afirmação de que a tecnologia 3D promove a inovação nas empresas. 40% concordaram moderadamente com a afirmação. 3% não concordam com a afirmação, enquanto 6% concordam em grau reduzido. A tecnologia 3D ajuda as empresas a criar protótipos cujas caraterísticas podem ser testadas antes do início do fabrico efetivo. Assim, é utilizada para criar novos produtos de forma mais rápida e económica. Por conseguinte, promove a inovação.

Grau de concordância com a afirmação de que o custo é o principal obstáculo à utilização de uma impressora 3D

Poucas empresas podem dar-se ao luxo de comprar e utilizar industrialmente impressoras 3D para fabricar produtos e fazer protótipos. As empresas que utilizam a impressão 3D depararam-se talvez com desafios financeiros quando estavam a implementar o projeto de tecnologia de impressão 3D. Isto explica o facto de a maioria, 56%, concordar com a afirmação de que o custo é o principal obstáculo à utilização desta tecnologia. 39% das empresas concordam moderadamente com a afirmação. Ou seja, a afirmação foi esmagadoramente aprovada pelas empresas. Apenas 1% não concordou de todo com a afirmação. De facto, o custo é um grande problema no que diz respeito à tecnologia de impressão 3D. As impressoras 3D industriais são muito caras e a maioria das empresas não as pode comprar.

Grau de concordância com a afirmação de que a limitação de materiais é o principal obstáculo à utilização da impressora 3D

A maioria das empresas, 42%, não tem a certeza de que os materiais limitados impedem a utilização da impressora 3D. 24% concordam fortemente que isso limita a utilização da impressora 3D, enquanto 13% não concordam de todo. 21% concordam moderadamente. Existem materiais específicos que podem ser utilizados pela impressora 3D para produzir um objeto. Estes incluem plásticos, resinas, metais, ligas e cerâmicas. Por conseguinte, a impressão 3D só pode ser utilizada para fabricar objectos específicos. Não podem ser fabricados produtos feitos de outros materiais que a impressora não utilize e que não se enquadrem nos materiais aceites.

Grau de concordância com a afirmação de que o tamanho limitado do produto impresso é o principal obstáculo à utilização da impressora 3D

O tamanho é altamente desaprovado como uma barreira à utilização da impressora 3D. 29% das empresas não concordam de todo com a afirmação. 37% concordam com a afirmação, mas em grau reduzido. 23% e 11% concordam moderada e fortemente com a afirmação, respetivamente. O tamanho representa um desafio à utilização de impressoras 3D. As impressoras 3D só podem imprimir objectos até um determinado limite de tamanho. No entanto, este desafio pode ser minimizado através da montagem de peças fabricadas de forma diferente, como acontece nas indústrias automóvel e eletrónica.

Grau de concordância com a afirmação de que a impressão 3D aumentará a produção de produtos contrafeitos

A maioria das empresas, 66%, está consciente das implicações da tecnologia para o direito de propriedade. Concordam plenamente que a tecnologia aumentará a incidência da imitação de produtos. 3% não concordam de todo com a afirmação. Com a tecnologia de impressão 3D, os desenhos dos produtos serão guardados nos computadores das empresas. Estes desenhos serão altamente protegidos. No entanto, uma vez que os desenhos são feitos por funcionários da empresa, existe uma grande probabilidade de os desenhos serem cedidos a empresas rivais. Assim, as empresas fabricarão produtos imitados utilizando a tecnologia 3D.

Grau de concordância com a afirmação de que a impressão 3D irá aumentar a produção de armas

Esta afirmação registou uma pequena variação no nível de concordância. 15% concordaram fortemente com a afirmação, enquanto 26% não concordaram de todo com ela. 28% concordaram moderadamente com a afirmação, enquanto a maioria, 31%, concordou pouco com ela. Talvez poucas empresas estejam conscientes de que a impressão 3D irá acelerar o processo de produção de armas. Por conseguinte, haverá muitas armas disponíveis para fornecimento. Atualmente, a tecnologia é utilizada para fabricar peças de mísseis.

Grau de concordância com a afirmação de que a impressão 3D levará à perda de postos de trabalho no sector da indústria transformadora

As empresas estão conscientes de que muitos postos de trabalho estão em risco devido à utilização contínua de impressoras 3D no processo de fabrico. Esta é a razão pela qual apenas 4% não concordaram com a afirmação de que a tecnologia de impressão 3D levará à perda de postos de trabalho no sector da indústria transformadora. A maioria, 37%, concordou moderadamente com a afirmação, enquanto 36% concordaram fortemente com ela. 23% concordaram com a afirmação, mas em pequena escala. A adoção da tecnologia de impressão 3D pelas empresas reduzirá a quantidade de mão de obra necessária para realizar actividades de fabrico. Consequentemente, um número substancial de pessoas que trabalham no sector da indústria transformadora perderá os seus empregos.

Nível de satisfação com a utilização da impressora 3D

O nível de satisfação foi a indicação da avaliação dos custos e benefícios da utilização da tecnologia 3D pelas empresas. Todas as empresas estavam satisfeitas com a impressão 3D. Apenas o grau de satisfação variava. A maioria das empresas, 29%, estava moderadamente satisfeita com a tecnologia.

Isto representava uma categoria de empresas cujo custo da impressão 3D quase correspondia aos benefícios. 52% das empresas estavam satisfeitas com a tecnologia porque os seus benefícios ultrapassavam os custos. 19% das empresas estavam menos satisfeitas.

CONCLUSÃO

A utilização da impressão 3D no funcionamento das empresas está a crescer de forma constante. As empresas estão a adotar a tecnologia para reduzir os custos, diminuir o tempo de produção, promover a sustentabilidade ambiental e aumentar a inovação. Além disso, a tecnologia permite que as empresas personalizem os seus produtos e reduzam os resíduos durante o fabrico. No entanto, a penetração da tecnologia é dificultada pelo custo e pela limitação dos materiais e das dimensões. Além disso, está rodeada de questões éticas relacionadas com o fabrico de armas, a perda de postos de trabalho e as violações da propriedade intelectual. As empresas têm um entendimento diferente destas questões.

Recomendações

1. O governo deveria baixar o imposto cobrado sobre as impressoras 3D, a fim de as tornar acessíveis e incentivar a sua utilização.

2. As empresas que fabricam impressoras 3D devem aumentar os seus investimentos em investigação e desenvolvimento para poderem encontrar outros materiais necessários para os processos de fabrico

3. Devem ser realizadas campanhas destinadas a educar as empresas sobre os benefícios da adoção da tecnologia de impressão 3D nas suas operações.

Referências

Ali, A., 2000. The Impact of Innovativeness and Development Time on New Product Performance for Small Firms. *Marketing Letters,* 11(2), p. 151-163.

Anderson, C., 2012, *"Makers: The New Industrial Revolution",* Berkeley, CA: Crown Business.

Barnatt, C., 2013, *"3D Printing: The Next Industrial Revolution",* Nottingham; Create Space Independent Publishing Platform.

Bartolo, P., et al., 2007, Virtual and Rapid Manufacturing: Advanced Research in Virtual and Rapid Prototyping (Investigação Avançada em Prototipagem Virtual e Rápida). Nova Iorque, Taylor & Francis.

Bassoli, E., Gatto, A., Luliano, L. & Violante, G., 1995, "3D printing technique applied to rapid casting", *Rapid Prototyping Journal.* Emerald Group Publishing Limited.

Cohen, M., Eliashberg, J. e Ho, T., 1996. New Product Development: The Performance and Time-to-Market Tradeoff. *Management Science,* 42(2), p. 173-186.

Evans, B., 2012, *"Practical 3D Printers: The Science and Art of 3D Printing";* Nova Iorque; NY: Apress;

Gjerde, K., Slotnick, S. e Sobel, M., 2002. New Product Innovation with Multiple Features and Technology Constraints (Inovação de Novos Produtos com Múltiplas Caraterísticas e Restrições Tecnológicas). *Management Science,* 48(10), p. 1268-1284.

Griffin, M., 2013, "Design and Modeling for 3D Printing", Londres; Make publishers.

Harrington, J., 2013, *"3D CAD with Autodesk 123D: Designing for 3D Printing, Laser Cutting, and Personal Fabrication",* Londres; Make publishers.

Hausman, K., 2013, *"3D Printing For Dummies: For Dummies (Computer/Tech)",* Nova Iorque; NY: For Dummies.

Hood-Daniel, P. & Kelly, J., 2011, *"Printing in Plastic: Build Your Own 3D Printer (Technology in*

Action)", Nova Iorque; NY: Apress.

Hoskins, S., 2013, *"3D Printing for Artists, Designers and Makers",* Nova Iorque; NY: A & C Black Publishers Ltd http://www.custompartnet.com/wu/selective-laser-sintering *http://www.xpress3d.com/FDM.as*

Krar, S. e Gill, A., 2003, Exploring Advanced Manufacturing Technologies. Connecticut, Industrial Press Inc.

Krishnan, V. e Bhattacharya, S., 2002. Technology Selection and Commitment in New Product Development: The Role of Uncertainty and Design Flexibility. *Management Science,* 48(3), p. 313-327.

Langerak, F., Rijsdijk, S. e Dittrich, K., 2009. Development Time and New Product Sales: A Contingency Analysis of Product Innovativeness and Price. *Marketing Letters,* 42(6), p. 399-413, 415.

Lipson, H. & Kurman, M., 2013, *"Fabricated: The New World of 3D Printing",* Nova Iorque; NY: Wiley.

Lipson, H. e Kurman, M., 2013, Fabricated: The New World of 3D Printing. Nova Jersey, John Wiley & Sons.

Roebuck, K., 2011, Impressão 3D: High-Impact Emerging Technology - What You Need to Know - Definitions, Impacts, Benefits, Maturity, Vendors. Brisbane, Emereo Pty. Limited *http://sd3dprinting.com/fff-vs-sla-vs-sls/*

Fonte: ***http://hannahnapier.co.uk/2011/12/3d-printed-chocolate-advent-calendar/***

Siemens, 2013, "Impressoras 3D: O futuro já começou", *Siemens Industry Journal, Vol 1(1).*

Singh, S., 2010, *"Beginning Google Sketch up for 3D Printing (Expert's Voice in 3D Printing)",* Nova Iorque; NY: Apress.

Wilson, S., 2013, "3-D Nation: O Instituto Reut avança a impressão 3-D para todos: Israel passa de nação startup a nação maker. *JewishJournal.com*

Winnan, C., 2013, *"3D Printing: The Next Technology Gold Rush - Future Factories and How to Capitalize on Distributed Manufacturing",* Cambridge; CA: SAGE.

Apêndice

Questionário

1. A que sector pertence a empresa?

	Indústria
[ ]	Fabrico e transformação
[ ]	Comércio e indústria

2. Qual é o intervalo das receitas anuais da empresa?

	Receita anual
[ ]	100 milhões de dólares - 200 milhões de dólares
[ ]	200 milhões de dólares - 300 milhões de dólares
[ ]	300 milhões de dólares - 400 milhões de dólares
[ ]	400 milhões de dólares - 500 milhões de dólares
[ ]	500 milhões de dólares - 600 milhões de dólares
[ ]	600 milhões de dólares - 700 milhões de dólares
[ ]	700 milhões de dólares - 800 milhões de dólares
[ ]	800 milhões de dólares - 900 milhões de dólares
[ ]	900 milhões de dólares - 1000 milhões de dólares

3. Há quanto tempo é que a empresa opera a sua atividade

	longo do funcionamento da empresa
[ ]	Menos de 5 anos
[ ]	5 -10 anos
[ ]	10 -15 anos
[ ]	15 -20 anos
[ ]	20 - 25 anos
[ ]	25 -30 anos
[ ]	30 - 35 anos

4. Há quanto tempo é que a empresa utiliza impressoras 3D?

	há quanto tempo a empresa utiliza impressoras 3D
[ ]	Menos de 5 anos
[ ]	5 -10 anos

[ ]	10 -15 anos
[ ]	15 -20 anos
[ ]	20 - 25 anos
[ ]	25 -30 anos
[ ]	30 - 35 anos

5. Qual é o nome do fabricante da impressora 3D que a empresa está a utilizar?

	O nome do fabricante
[ ]	Objeto Géométries
[ ]	Corporação Z
[ ]	Stratasys
[ ]	Sistemas 3D
[ ]	Outros

6. Para que é que a empresa utiliza a impressora 3D?

	Utilizar a impressora 3D para
[ ]	Prototipagem
[ ]	Fabrico aditivo

7. Em que medida concorda com as seguintes afirmações

A - Em grande medida

B - Extensão moderada

C - Baixa extensão

D - Sem qualquer extensão

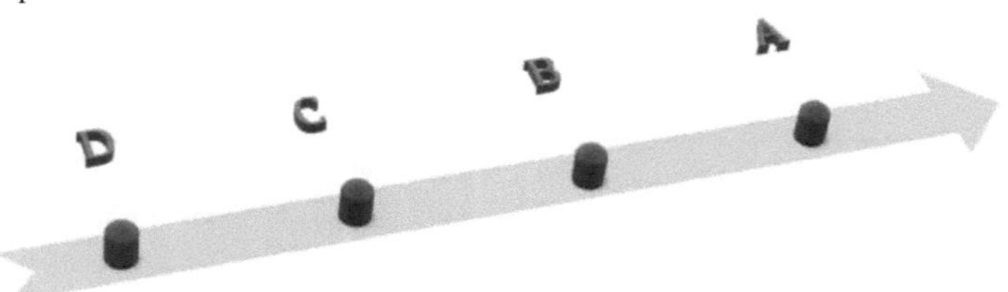

Declaração	**A**	**B**	**C**	**D**
A impressão 3D reduz o tempo de criação de protótipos/fabrico				
A impressão 3D reduz o custo da criação de protótipos/fabrico				
A impressão 3D reduz os resíduos durante o fabrico/impressão				
Os produtos impressos em 3D são de alta qualidade				
A impressão 3D permite personalizações durante				

prototipagem/fabrico				
A impressão 3D promove a produção ecológica e a sustentabilidade				
A impressão 3D aumenta a inovação				

8. Em que medida concorda com as seguintes afirmações

A - Em grande medida

B - Extensão moderada

C - Baixa extensão

D - Sem qualquer extensão

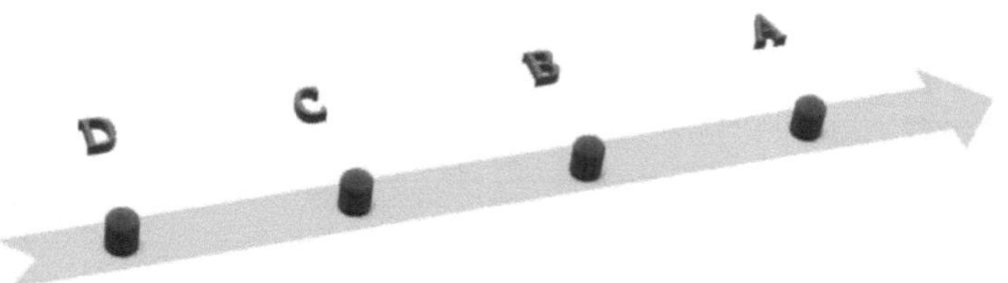

Declaração	A	B	C	D
O custo é o principal obstáculo à utilização de uma impressora 3D				
A limitação de materiais é o principal obstáculo à utilização da impressora 3D				
O tamanho limitado do produto impresso é o principal obstáculo à utilização da impressora 3D				
A impressão 3D vai aumentar a produção de produtos contrafeitos				
A impressão 3D vai aumentar a produção de armas				
A impressão 3D vai levar à perda de postos de trabalho no sector da indústria transformadora				

9. Qual é o seu nível de satisfação com a utilização da tecnologia de impressão 3D nas operações comerciais?

	nível de satisfação
[ ]	Muito satisfeito
[ ]	Satisfeito
[ ]	Moderadamente satisfeito
[ ]	Menos satisfeito
[ ]	20 - 25 anos
[ ]	Não satisfeito

Proposta

A impressão 3D, também conhecida como fabrico aditivo, é uma tecnologia emergente que permite fabricar objectos sólidos tridimensionais de praticamente qualquer forma com base num modelo digital. Este tipo de impressão baseia-se num processo aditivo em que camadas consecutivas de material são dispostas em diferentes formas (Bartolo et. al. 2007; Evans 2012). Isto contrasta com as técnicas de maquinagem tradicionais que utilizam processos subtractivos, como a perfuração ou o corte. A primeira impressora 3D operacional foi desenvolvida em 1984. No entanto, a tecnologia não foi amplamente adoptada pelas empresas até ao século XXI, quando o seu preço caiu substancialmente (Krar & Gill 2003). A tecnologia de impressão 3D pode ser utilizada tanto para o fabrico distribuído como para a criação de protótipos, com aplicações em design industrial, construção, arquitetura, indústrias dentária e médica, militar, engenharia civil, sistemas de informação geográfica, educação, moda e joalharia. Roebuck (2011) especula que a impressão 3D irá muito em breve transformar-se num produto de mercado de massas, uma vez que a tecnologia 3D de fonte aberta tem o potencial de compensar os custos de capital das empresas, permitindo que os consumidores evitem as despesas inerentes à compra de artigos domésticos normais (Lipson & Kurman 2013). O presente documento é uma investigação sobre a forma como a impressão 3D influencia as empresas.

Questões de investigação

- Como é que as empresas poderão beneficiar da adoção da impressão 3D, uma vez que a tecnologia se tornou agora facilmente acessível?

- Em relação ao(s) benefício(s) acima referido(s), que estratégia deve a empresa adotar para implementar as tecnologias de impressão 3D, a fim de tornar o(s) benefício(s) uma realidade?

Unidade de análise

De acordo com Roebuck (2011), a unidade de análise refere-se a itens ou pessoas que possuem as caraterísticas que o estudo pretende investigar. Por conseguinte, podem ser pessoas, grupos, organizações, países, objectos ou quaisquer outras entidades a partir das quais o estudo pretende fazer inferências científicas. A primeira questão de investigação procura investigar de que forma as empresas beneficiam com a adoção da impressão 3D. Neste caso , a unidade de análise é uma empresa que adopta a impressão 3D. Isto porque a principal questão de interesse é a forma como a nova tecnologia as afecta. A segunda questão de investigação procura identificar as estratégias que as empresas podem utilizar na implementação das tecnologias de impressão 3D, de modo a obterem o máximo de benefícios. Por conseguinte, para ambas as questões de investigação, a unidade de análise é a empresa.

Metodologia de investigação

A metodologia de investigação refere-se à análise sistemática e teórica dos métodos aplicados a um determinado domínio de estudo. É também o processo utilizado na recolha de dados e informações para chegar a uma determinada decisão. O objetivo deste estudo é determinar como as empresas irão beneficiar da tecnologia de impressão 3D e as estratégias que podem empregar para maximizar os benefícios. Por conseguinte, será necessária uma análise quantitativa para obter significado para a investigação. A metodologia mais adequada é a investigação por inquérito que utiliza entrevistas padrão. As entrevistas permitirão recolher dados sobre as empresas, as pessoas e os seus comportamentos, pensamentos e preferências relativamente à impressão 3D. Uma das principais vantagens dos inquéritos é o facto de facilitarem a medição de dados que não podem ser observados. No entanto, alguns dos benefícios que as empresas podem obter com a utilização da tecnologia 3D são observáveis. Outros aspectos, como a satisfação do cliente, não são mensuráveis, razão pela qual a investigação por inquérito é crucial. As entrevistas podem ser orientadas de modo a recolher dados qualitativos e quantitativos necessários para o estudo.

Revisão da literatura

Krishnan, V. e Bhattacharya, S., 2002. Technology Selection and Commitment in New Product Development: The Role of Uncertainty and Design Flexibility. Management Science, 48(3), p. 313-327.

De acordo com este artigo, a impressão 3D foi inicialmente desenvolvida com o objetivo de criar protótipos rápidos. Ao permitir que os designers criem amostras físicas, não só identificam como também corrigem as falhas de conceção de forma rápida e económica. As empresas podem beneficiar deste facto porque os riscos comerciais são minimizados e o processo de desenvolvimento de produtos é acelerado, o que está de acordo com a teoria do desenvolvimento de produtos .

Langerak, F., Rijsdijk, S. e Dittrich, K., 2009. Development Time and New Product Sales: A Contingency Analysis of Product Innovativeness and Price. Marketing Letters, 42(6), p.399-413, 415.

De acordo com os autores, a prototipagem é, de longe, a maior e principal aplicação comercial desta nova tecnologia e representa mais de 70% do mercado de impressão 3D. No entanto, devido a melhorias na velocidade e precisão da tecnologia, bem como na qualidade dos materiais necessários para a impressão, alguns sectores comerciais sentiram-se compelidos a ir além da utilização desta tecnologia apenas para investigação e desenvolvimento. Estão agora a incorporá-la na estratégia de fabrico. Os conceitos e a teoria podem ser derivados do facto de a tecnologia ser amplamente utilizada.

Ali, A., 2000. The Impact of Innovativeness and Development Time on New Product Performance for Small Firms. Marketing Letters, 11(2), p. 151-163.

O artigo revela que a tecnologia não está a ser utilizada na produção de jóias e de vários artigos de moda feitos à medida. Os laboratórios dentários também estão a utilizar a impressão 3D para produzir implantes, pontes e coroas. As empresas do sector da saúde também estão a utilizá-la para desenvolver próteses e aparelhos auditivos, que se adaptam perfeitamente aos pacientes. A teoria aqui é a teoria do desenvolvimento de produtos que explica a criação de novos produtos utilizando a impressão 3D.

Gjerde, K., Slotnick, S. e Sobel, M., 2002. New Product Innovation with Multiple Features and Technology Constraints (Inovação de Novos Produtos com Múltiplas Caraterísticas e Restrições Tecnológicas). Management Science, 48(10), p. 1268-1284.

Uma vez que esta tecnologia é principalmente adequada para pequenos volumes, é uma alternativa rápida, económica e flexível em comparação com os métodos de produção em massa, se for utilizada para pequenas séries de produção. O único desafio regulamentar desta tecnologia é a sua relação com a proteção da propriedade intelectual. A teoria aqui utilizada é a da minimização dos custos, que explica como as pessoas podem reduzir os custos utilizando recursos disponíveis a baixo custo.

Cohen, M., Eliashberg, J. e Ho, T., 1996. New Product Development: The Performance and Time-to-Market Tradeoff. Management Science, 42(2), p. 173-186.

A utilização desta tecnologia e os potenciais benefícios para as empresas são regidos pela teoria do desenvolvimento de novos produtos. Isto porque a atualização e melhoria das linhas de produtos é essencial para o sucesso das organizações. O facto de uma organização não mudar para adotar esta tecnologia resulta não só na diminuição das vendas, mas também na perda de vantagem competitiva.

Nesta investigação, a teoria do desenvolvimento de novos produtos descreve a forma como as empresas podem integrar sistematicamente a tecnologia para obter os maiores benefícios. A teoria explica a criação de novos artigos utilizando meios eficazes.

Modelo de adoção de tecnologia

O Modelo de Adoção de Tecnologia (TAM) tenta descrever a forma como as empresas aceitam e eventualmente utilizam as novas tecnologias. Após o aparecimento da tecnologia de impressão 3D, a perceção de utilidade foi o primeiro fator a influenciar a sua adoção (Krar & Gill 2003). Isto deve-se ao facto de a tecnologia ser considerada aplicável apenas a prestadores de cuidados de saúde ou a empresas que operam no domínio científico. No início, o preço funcionou como um fator limitativo para as empresas que operam nas indústrias. No entanto, após a generalização e disponibilidade desta tecnologia, a sua adoção começou a expandir-se amplamente. A facilidade de utilização foi o outro fator que influenciou a adoção desta tecnologia (Krar & Gill 2003). A primeira máquina de impressão 3D desenvolvida em 1984 era muito complicada. Isto significava que a sua utilização exigia conhecimentos especializados que estavam fora do alcance da maioria das empresas. No entanto, através da inovação e da mudança, operar máquinas de impressão 3D é agora muito fácil. Além disso, a inovação também facilitou a miniaturização das máquinas, tornando-as acessíveis a muitas empresas. Outros utilizadores, como empresas de fabrico, empresas de joalharia e escolas, estão agora a utilizar a tecnologia de impressão 3D.

Criação de valor

Apesar de estar a ser utilizada há muitas décadas, a tecnologia tem atraído a atenção dos meios de comunicação social e a atenção das pessoas nos últimos anos. Embora esta indústria seja pequena e esteja na sua fase inicial, oferece grandes oportunidades para a criação de valor. Três sectores-chave que podem beneficiar muito com esta tecnologia são o equipamento, a produção e o mercado (Lipson & Kurman 2013). Por exemplo, o sector do equipamento pode beneficiar através da criação de protótipos. A tecnologia de impressão 3D não só torna a prototipagem fácil como rápida. Além disso, o mercado tem a responsabilidade de estabelecer a interface com os consumidores. No entanto, a tecnologia de impressão 3D permite a criação de valor através da introdução de produtos impressos em 3D no mercado. Graças a esta tecnologia, a personalização e a customização são caraterísticas que foram agora libertadas.

Quadro teórico

Ao destacar os benefícios da impressão 3D na investigação, uma análise dos processos de investigação assume um papel central. Esta análise centra-se nos domínios empresariais que se concentram em alcançar os objectivos definidos através da aplicação da tecnologia. As vantagens da impressão de modelos 3D incluem uma prototipagem acelerada, mais barata e mais fácil. Isto revela-se fundamental no desenvolvimento de novas ideias, como se vê na modelação dentária e na produção de jóias (Ali 2000). Este facto está também associado a uma elevada eficiência de custos. O avanço da tecnologia 3D conduziu a modelos operacionais mais fáceis e a uma maior disponibilidade da tecnologia para a maioria das empresas.

A aplicação da tecnologia 3D nas empresas conduz à criação de valor. Isto acaba por conduzir a uma transformação positiva da empresa que aplica a tecnologia. As empresas têm de adotar a tecnologia para a criação de valor em todas as fases, de modo a obter um avanço no desempenho global. Isto diz respeito a três factores-chave que incluem o mercado, o fabrico e o equipamento. O equipamento é mais eficiente em resultado da personalização de caraterísticas. A aplicabilidade fundamental da prototipagem influencia a adoção da impressão 3D nas empresas.

Através da consideração dos domínios empresariais, é possível efetuar uma análise da impressão 3D em relação ao valor associado à tecnologia numa empresa. A aplicação da tecnologia numa empresa pode levar a um melhor desempenho através da garantia de eficiência nos processos de produção. Ao realizar uma investigação no sector, destaca-se a importância da tecnologia para as empresas que a aplicam.

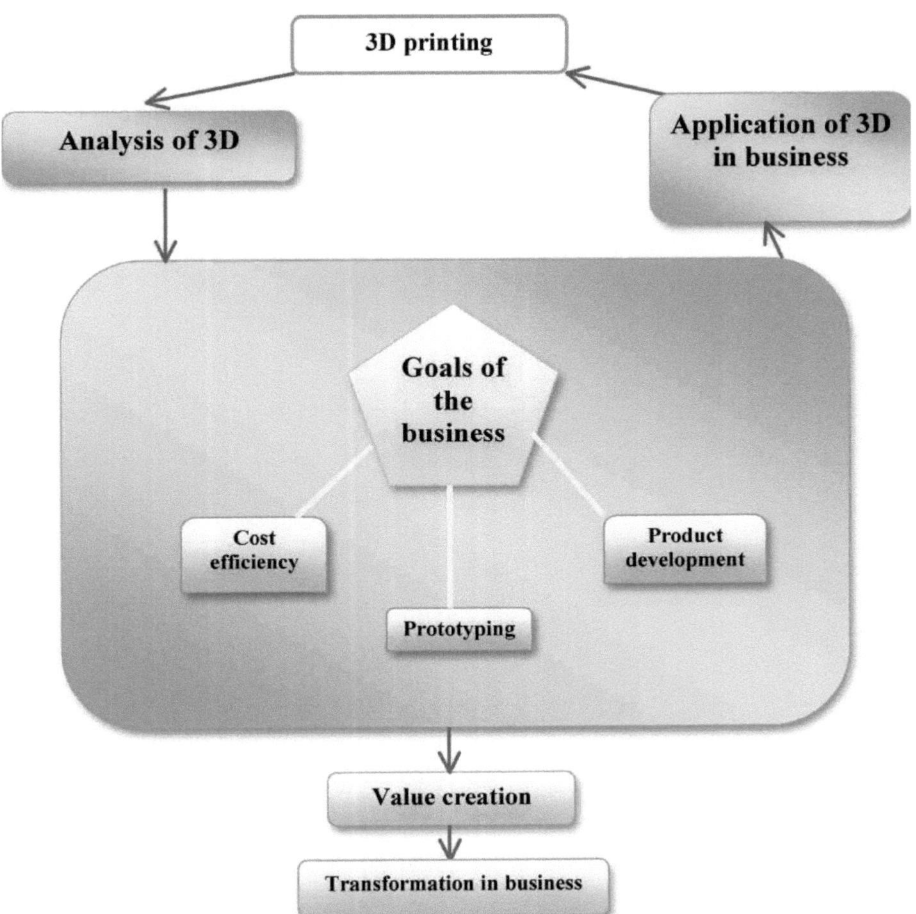
3D printing
Analysis of 3D
Application of 3D in business
Goals of the business
Cost efficiency
Product development
Prototyping
Value creation
Transformation in business

Printed by Books on Demand GmbH, Norderstedt / Germany